U0295722

《舌尖上的非遗——散落在民间的美味》编委会名单

总顾问：李友钟
总策划：侯伟康

主　编：李　明
副主编：董　强
编　辑：沈源琼　眭　阳　王萌萌　毛怡颖

·《主人》丛书·

舌尖上的非遗

散落在民间的美味

《主人》编辑部 编

上海三联书店

序

“非遗”是先辈通过日常生活的运用而留存至今的文化财富，代表着人类文化遗产的精神高度。虽然我们所处的环境，与自然界的相互关系，以及历史条件，在不断发生着变化；但是对于非物质文化遗产的认同感和历史感，是始终不变的。

我国是非物质文化遗产大国。五千年的古老文明，漫长的农耕文化历史，以及56个民族多元化的文化生态，展现了中华民族民间文化资源的丰富多样，许多种类或世界独有，或世界第一。

非物质文化遗产保护工作，我们国家一直都在做。2001年5月18日，我国昆曲艺术入选联合国教科文组织“人类口头与非物质遗产代表作目录”，从此“非物质文化遗产”这一概念就进入了中国，开始被越来越多的人关注和重视。

2011年，全国人大颁布了《中华人民共和国非物质文化遗产法》。从此，中国的非遗保护走上了全面的法治化轨道。

由上海市总工会《主人》编辑部主编的《舌尖上的非遗——散落在民间的美味》一书，粹选了非遗十大类别中的传统技艺类之美食项目。在编目上，独有创意，四个部分分别为“菜•肴”“酒•茶”“糕•点”“味•蕾”，囊括了传统美味的精髓，显示了舌尖上的非遗精华。入编的非遗项目都具有很高的社会知晓度、美誉度以及浓厚的海派、地方文化特色，如杏花楼广式月饼、王家沙点心、凯司令蛋糕、南翔小笼馒头、功德林素食、上海老饭店本帮菜、绿杨邨川扬菜等。

虽然，本书所选的30个非遗项目，在1372项国家级、8500项省级，和无数的市区级非遗项目中，所占比例甚小，但窥一斑可知全豹。我们从中可以领略中华传统文化的博大精深，发现原来我们的生活中，处处可见“非遗”载体。伴粥伴面的三林酱菜、暖胃暖心的绍兴黄酒、午后慢饮的祁门红茶、调味用的钱万隆酱油……非遗，与我们的日常生活息息相关。

当然，还必须清醒地看到，随着现代化进程的加速，我国原本丰富的非物质文化遗产正遭受着猛烈的冲击，面临濒危、失传的重大危机，抢救和保护非物质文化遗产刻不容缓。

鉴于非物质文化遗产的特殊性，在今天互联网的语境下，我们必须考虑用多媒体、录像、录音、光盘、数字化、软件化、互联网、书报、杂志、电子书等多种先进的方法加以保护。《舌尖上的非遗——散落在民间的美味》一书的编辑出版，不啻一种很好的保护举措。

总览全书，我们不难看出，非物质文化遗产的丰富性，决定了保护方式的多样性。在保护工作中，要根据非物质文化遗产的自身规律、特性和生存状况，通过抢救性保护、生产性保护和整体性保护等多元化保护措施，对濒危的非物质文化遗产采取及时的抢救保护，使其得到传承和延续；通过支持传统手工技艺类项目，积极开展生产实践，将其转化为文化产品，使其更好地融入当代社会；通过在一些特定区域开展整体性保护实践，将非物质文化遗产从单个的项目保护提升到对其依存的自然、人文等生态环境进行整体性保护。

今天的非遗，如何保留遗迹的自然状态和真实性而减少人造的成分、如何继续保持日常性而减少节庆性、如何增强实用性而减少表演性、如何体现民间性而减少官方性，是我们在传承创新中必须予以高度重视和考虑的问题。

希望有更多的人关注和加入到非遗保护的工作中来，希望整个社会的非遗保护意识，增强，再增强，全民都能参与进来。让传统的文化艺术融入每一个百姓生活中，真正做到让这些遗产“活”起来。

高克敏

（上海市食品协会 秘书长）

目　录

第三章　糕·点

第四章　味·蕾

菜肴

第一章 菜·肴

素食一绝：功德林

项目名称	功德林素食制作技艺
项目类别	传统手工技艺
保护级别	国家级
公布时间	2008年
所属区域	上海市黄浦区

一、项目简介

始创于1922年的上海功德林是上海第一家社会素菜馆，历来同政界人士、文化学者以及社会贤达渊源深厚。当年宋庆龄和史良等七君子经常光顾功德林，一度传为素食文化的趣事和佳话。人们称赞功德林用料精细、制作考究、品种繁多、形态逼真。经数代人的传承，人们所津津乐道的功德林素鸭、素火腿等一批传统素食在上世纪80年代就荣获了国家部优产品的称号。

由于吸收了各地帮别的精华，功德林形成自己独特的素菜特色风味，擅长用烧荤菜的方法制作素菜，色、香、味、形俱全。比如炒鳝糊，用上等冬菇，剪成鳝鱼条状，拌菱粉油炸，再浇以热油，清香味美，滑润爽口。炒虾仁用土豆制作，用面粉拌匀入油锅炸，再配以冬菇、红萝卜丁、青豆，煸炒后浇麻油，看去真如虾仁，色鲜味美。用豆腐皮制成的素火腿、素鸡等菜肴，都具有肥糯甘香的特点。尤其是名菜八宝鸭，将去皮蒸熟的通心莲、笋肉、水发香菇、松子肉、核桃肉、蘑菇、青豆、胡萝卜等均切成绿豆般大小，用麻油加姜汁、料酒、味精、糖等在锅中炒匀，拌入糍饭，成为八宝馅心。再用豆腐衣卷包馅心成为鸭腿状，鸭身、鸭头、鸭颈等用豆腐衣捏成。成形后放入油锅炸至外脆内软，再用香菇汤、酱油、糖等佐料勾薄芡，淋麻油后即成。每道素菜都是一番精心设计，素菜荤烧可谓达到了乱真的地步。所以至今仍有不少江浙一带的家庭保存着从上代传下的《功德林素菜谱》。

近年来，功德林团队又依据自身的历史特点扬己所长，积极打造“和文化”，层层培养素食制作能手，为创建梯队储备人才，常年举行食品安全活动，每周进行食品安全专题培训。

作为全国最大的素食制作企业，功德林又在经营服务过程中坚持倡导“绿色、健康、养生”的素食文化。在做好南京西路功德林餐饮总店以及黄河路分店等两家素菜馆的同时，还颇具战略眼光地将菜品利用工业化生产，经真空包装投放市场，实现了“素食餐饮与净素食品”两翼齐飞。目前，功德林常年供应150多款精品素食，进入全市主要商街的60多家功德林专卖店，方便素食大众就近购买老字号名牌净素食品。

现在，功德林已成为国内外宾客最喜爱的素菜馆。欧美、日本及东南亚等国家的宾客在品尝素菜后都称赞其口味鲜美、形态逼真，堪称素食一绝、美食极品。

二、历史渊源

功德林是一家具有近百年历史的著名老字号品牌企业，享有素食鼻祖之称。多年来，无论企业规模、经营品种、菜肴特色、素食花色，还是营销服务，功德林都有所开拓，有所创新。

经过时光的淬炼，功德林菜肴已形成自己独特的风格，其选料精细、制作考究、花色繁多、口味多样、形态逼真。功德林推出的菜肴为传统与时尚相结合，其著名的菜肴有黄油素蟹粉、素鸡、素鸭、素火腿等两百余种。

“民以食为天”，烹调食物是一件很重要的事。但调制出只以净素为原料的净素餐饮，烧得美味可口、与众不同，且得到人们的普遍喜爱、认同，能引人争相排队品尝，其难度可想而知。功德林素食制作技艺的发展，大致经历了以下几个阶段：

（一）萌发期：赵云韶掌门功德林蔬食处

上海出现素菜馆始于清末，是为了适应佛门弟子及居士的需要，念经聚会进餐，不必投奔龙华、静安等古寺，随处都可找到素食馆。当时豫园附近，有“六露轩”“乐意楼”“春风松月楼”。

1920年，杭州城隍山常寂寺维均和尚设坛讲经。上海南洋兄弟烟草公司创办人简照南、简玉阶兄弟因为和维均是同乡，也欣然赴杭州听经。讲经结束，维均设素宴招待。简氏兄弟极力称赞杭州素斋的清香可口，维均听了便问：为什么不自己筹办一家呢？简氏兄弟摇头说没有人选。饭后，简氏兄弟在寺中休息，恰遇一位客人来探访维均，他是维均的弟子——浙江黄岩赵云韶居士。赵云韶在杭州警署任职，但厌于官场，所以常常来寺中走动，听维均讲经说法。维均和尚把赵云韶推荐给简氏兄弟，简氏兄弟非常高兴，便问赵云韶能否屈尊上海，为佛门弟子聚会进餐图个方便。赵氏乐意相从，双方当即商定办“功德林蔬食处”，以“弘扬佛法、提倡素食、戒杀放生”为宗旨，由南洋兄弟烟草公司股东欧阳石柱署名经理，赵云韶为副经理，负责具体业务，股金暂定为一万银元，由简氏兄弟筹募。事情就这样定下了。经赵云韶积极筹划，上海第一家素食馆——“功德林蔬食处”于1922年农历四月初八释迦牟尼生日这一天，在北京东路、贵州路口择吉开张，以办佛事和淮扬风味素菜为特色。店名有“积功德成林，普及大地”之意。起初是在寺庙内制作素食，后来逐渐把简单的素斋推向社会。功德林素食的主要原料是豆制品类、菌菇类、坚果类、蔬菜类、深海植物类。选料取精华处，根据荤菜的不同菜名，如蟹肉、鳝丝、鱼片、虾仁、烤鸭等，运用精细的刀工制作成型。烹调的方法分蒸、炒、熘、烧、烤、爆，加上各种调味，制成的仿荤菜肴，色香味相足可以假乱真。功德林还生产各种季节性食品，如春节素卤味，清明吃青团，端午包粽子，中秋做苏式月饼，重阳制重阳糕，加上平时生产的各种净素中西名点，形成了特色鲜明的素食系列。

（二）发展期："素菜荤烧"享誉上海

1927年，功德林从北京路迁移到派克路6号（现黄河路43号），营业面积扩大到1000多平方米。一楼经营小吃、做寿宴等正规宴请；二楼是包房；三楼是佛堂。赵云韶虽然下海，但仍皈依佛门，他经商不忘佛事，在功德林三楼设佛堂，内供奉西方三圣和千手观音。为了吸引顾客，他还去天台国清寺、宁波观宗寺、阿育王寺，请高僧来沪讲经，一部《金刚经》就得讲一个月，每天到场听讲居士三五百人，店内座无虚席，门外尚有向隅香客。

功德林是佛门弟子念经聚会之所，但更是个进食之处。如何才能适应上海佛门弟子和素食居民的口味呢？赵云韶煞费苦心，奔走于江浙两省，潜心研究上海人的饮食习惯。从宁波、扬州等地聘请来擅做素斋的名厨，又效法扬帮的精工细作，推出了具有海派特色的"素菜荤烧"系列菜肴。把淡而无味的田园蔬果做成鸡鸭鱼虾，甚至火腿和走油肉的形状和味道，像荤菜而又口味清香，再配以优美文雅的名称，如"鸳鸯鱼丝""灯笼鸡片""明月鸽松"等等。他还从佛经故事中获悉释迦牟尼从小喝牛奶长大，便从著名的"一枝香"西菜社花重金聘来名厨，制作奶油蛋糕、色拉、浓汤等西式素点，这些美食吸引了许多外国侨民。

（三）成熟期：造型逼真口味多样

功德林在上海开业之初，赵云韶特意聘请各地寺庙做素斋的高手来店相助。如常州天宁寺的顾启泰，杭州招贤寺的居文林、钟贞香，扬州的林国盛等，以集各家素菜制作之长，创功德林佳肴之新。其中，流传至今的"素火腿"，就是这些高手们创造出的素食荤烧的代表作。功德林的素火腿，不但形似火腿，而且味觉似火腿；以利刃切为薄片，肉瘦色暗红，是佐酒下饭的上佳妙品；上口干鲜，软中带韧，咸香味美，回味有余香。

功德林饭菜的特点是以素仿荤、选料精细、造型美观。原料以三菇六耳、新鲜蔬菜、食用菌类、豆类菜为主。菜质细腻，口味多样，虽素而又荤香，营养丰富，有益健康，易于身体吸收，深受国内外宾客欢迎。上世纪20年代的鲁迅、柳亚子以及30年代的黄炎培等均经常出入此地；1930年8月，鲁迅先生和志士同仁们在功德林举行“漫谈会”，并合影留念；在史良生前回忆录中曾有《怀念功德林》一节，对于当时与众嘉宾欢宴场景记忆犹新；另外，功德林也曾接待过大量日本、巴基斯坦等国贵宾。

抗战时期，功德林是爱国团体的秘密活动据点。据老员工回忆，“素鸡”“素鹅”“素火腿”“烤麸”“冬菇面筋”“雪菜竹笋”“什锦豆腐”“老烧豆腐”“三鲜鱼圆汤”等都是他们喜爱的美食。因此，功德林也常见于一些抗战士兵的回忆录中。

（四）鼎盛期：老店新开美名远扬

新中国成立后，中国佛教协会会长赵朴初为功德林题写店名；周恩来、陈毅等党和国家领导人也曾亲临功德林品尝美味。然而，“文化大革命”开始后，功德林遭遇了空前大洗劫，红卫兵砸烂了功德林的招牌，敲光了佛堂菩萨，红木家具大部分被损坏，功德林改名为立新饭店，老字号的特色不见了，技术水准大幅下降。

粉碎“四人帮”后，功德林重振旗鼓，重新装修，并邀请佛教协会会长赵朴初重新书写店招。重新开张的功德林菜点质量都有翻新、提高，港澳同胞和国际友人纷至沓来，品尝后都赞不绝口。

1987年4月，功德林再次停业装修。装修后的功德林被列为旅游涉外饭店，功德林素食开始走出上海，走到全国，走向世界。经过不断努力，上世纪90年代，功德林逐步构筑起净素餐饮、净素食品、净素月饼三大特色商品。1997年4月8日，中国佛教协会副会长明旸法师为上海南京西路445号总店内供奉的佛像开光；2006年2月22日，现任中国佛教协会会长的一诚法师到功德林亲笔题词“百年诚信，功德无量”。2008年，功德林素食制作技艺被列为国家级非物质文化遗产保护项目，它在消费者心中也逐渐成为绿色、健康、安全、时尚饮食的代名词，越发受到国内外顾客的欢迎。

1999年功德林又成立了“上海功德林食品有限公司”。原址新桥路28号，建筑面积600平方米。主要生产净素卤味、中式点心、西式糕点和节令时令素食品。每逢中秋佳节，功德林的净素月饼更是受到市民欢迎，年销售额达2000万人民币。功德林食品有限公司生产的各式净素食品荣获各部委市局的赞誉。功德林的素卤味荣获首届食品博览会银质奖、中国名点；素火腿荣获中华名小吃；素菜包荣获中国名点。功德林生产的净素月饼连续三年在中国月饼节上被评为优质月饼、知名月饼、金牌月饼。在上海市的月饼评比中也曾荣获上海名优月饼金奖、上海市优质月饼。

三、你知道吗

“功德林”的仿荤素食，造型以假乱真。而这些“百变造型”的原料，无非是蔬菜瓜果、南北干货、豆制品类等常见品种。制作素菜对厨师的手艺要求更高，与其说是做菜，不如说是一次“魔法创作”。

在“功德林”的厨房里，曾有人目睹厨师长、第三代传人张洪山“化腐朽为神奇”，用豆腐皮、土豆泥、香菇、笋丝等常见素菜“变”出一盘“松子黄鱼”。

只见张师傅取过一张薄如蝉翼的豆腐衣，摊在案板上，把边缘的硬口切除后，在豆腐衣上铺一层事先准备好的土豆泥，用手捏成鱼的轮廓。

这动作看似简单，背后却藏着很多“秘密”。比如，这豆腐衣来自浙江富阳，土豆来自东北，这两个地方的原料好；土豆必须选拳头大小、表面光洁的，先洗净放在蒸笼里蒸，然后去皮，打成泥；不能去皮蒸，那样会发黑；土豆泥完全靠手工用刀背一层层“鐾”出来，因为摇肉机器打出来的土豆泥会有小块颗粒，平常，打泥这道准备工序就要近一个小时。

张师傅在“鱼身”上又覆一层香菇丝、笋丝等辅料，做“鱼”的“骨头”，“骨头”上再覆盖一层“鱼肉”（土豆泥），这样，不仅看上去更加丰满，吃起来也更有嚼头。接着，用调制好的面粉糊涂在豆腐衣的边缘，把“鱼”包住。

为了看起来更为形似，张师傅又在“鱼尾”处塞上两片豆腐干，做“尾鳍”；“鱼头”处镶入一片指甲盖大小的香菇，做“鱼眼”；切一块拉丝状的香菇片，做“鱼鳃”……短短两三分钟，一条惟妙惟肖的“鱼”就出现在眼前。

接下来，起油锅，将“鱼”放入油锅里氽。张师傅说，油锅必须保持三成热，否则外层的豆腐衣容易破碎或焦黑。5分钟后，“鱼身”慢慢变金黄色，在油锅中浮起；于是，盛起，装盘。最后，在“鱼身”上浇一层由青豆、松子、胡萝卜丁、玉米粒、笋丁、蜜制茄汁烧制的酱，一盘“松子黄鱼”就正式出炉了。

（编写：霍 未）

味觉记忆：老饭店

项目名称	上海老饭店本帮菜肴传统烹饪技艺
项目类别	传统手工技艺
保护级别	国家级
公布时间	2015年
所属区域	上海市黄浦区

一、项目简介

上海本帮菜历史悠久。宋末元初，已有本地人开设饭店。明代，上海县城以北的苏州河边也有酒菜馆。清初，上海城隍庙、十六铺商业区有经营饭菜店、点心店、饭摊百余家。

上海开埠后，本地菜形成特色。到民国初年，老城隍庙附近，方浜中路、人民路、南京东路、广西路、广东路等大小马路上，本帮饭店达数百家。

“上海老饭店”创建于清光绪元年（1875年），原名“荣顺馆”，地处素有“海上明园”之称的豫园商城旅游区。菜肴以选料精细、风味纯正著称。饭店由上海浦东川沙人张焕英夫妇在旧校场原址开设，开本帮菜肴之先河。上海人称经常去的地方为“老地方”，“荣顺馆”的老吃客就称它为“老饭店”。1964年正式改名为“上海老饭店”。2006年被商务部认定为第一批中华老字号企业。

老饭店在本帮菜馆中以烹调鱼、虾、蟹、鳝等活鲜而著称。它选取上海人常吃的豆腐羹、糟钵头、汤卷秃肺、青鱼头尾等几味菜，鲜料烹制，烧成具有异香的美食。在制作上重火候、重入味、重原汁原味，保持汁浓色艳、味道醇厚鲜美的特色。老饭店的节令菜肴也是领先一步，令顾客先尝为快。早春二月，春寒料峭，竹笋稀少，在这里却能吃上颇有乡土风味的竹笋腌鲜、雪菜竹笋等。三月刀鱼鲜，池塘里的鱼寥寥无几，饭店照样有售。六月盛夏酷暑，河蟹还未成熟，抢先采办，推出油酱毛蟹，很受顾客欢迎。

二、历史渊源

坐落于福佑路的上海老饭店，被誉为“本帮菜的源头”，但谁也不曾想到，当初，它竟是靠着寒酸的“两张半桌子”立足生根的。

（一）萌发期：两张半桌子起家

上海老饭店的前身可追溯到创建于清光绪元年（1875年）的荣顺馆。荣顺馆开创之初，店堂狭小。前为店堂，后为灶间。厨房内只装两只炉子四只眼，即旧式两眼炮台炉灶。店内无法摆开三张八仙桌，其中一张只能靠壁而摆，而成为人们所称的“两张半桌子”。桌子周围配上一条双人板凳，同时可供22人就餐。开设荣顺馆的是一个叫张焕英的川沙人。张焕英自己掌勺，老婆杜氏，小名叫杜阿大，夫妻两人请了两个亲戚相帮，做些辅助工作，端端饭菜。

张焕英约生于1855年，从小在农村务农。12岁时，经人介绍，他到上海城内一家饭店做学徒。3年满师后，他又在该作坊工作了5年，掌握了经营饭店的技能。他20岁那年，集资租用了旧校场路11号一楼一底砖瓦房，开设了荣顺馆。由于张焕英自己会烹饪，且技艺高超，远近食客纷至。

旧校场路现在属于豫园地区，热闹的地段，在那个年代也是城内热闹的市口。城内会馆公所集中，有钱业总公所晴雪堂、布业公所绮藻堂、药业公所和义堂、肉庄业公所香雪堂、油豆饼公所萃秀堂……各路生意人都在那个地方聚集，其中不乏达官贵人、富商巨贾、社会名流、文人雅士，也有做苦工的、拉人力车的、挑担做小买卖的。日复一日，荣顺馆名气越做越大，1880年以后，生意做大，扩大门面，桌子增加到6张，又增加了3个人手。

正当荣顺馆如日中天之时，张焕英积劳成疾，英年早逝，那年他仅45岁。张焕英有一女，叫张德英；另有一子张晓亭。张晓亭是张杜氏的侄儿，被张焕英认作儿子。张晓亭和张杜氏在这一时刻，挑起了这个已经有25年历史的荣顺馆。1900年，荣顺馆雇佣职工增至7人，跑堂（服务员）2人、煤炉（烹饪）2人、砧墩（切配）1人、账台1人、烧饭1人、学徒1人。

（二）发展期：独创本帮菜特色

辛亥革命前后，由于租界渐渐发展，城内各个行业商业重心北移。张杜氏和张晓亭察觉到这一历史机遇，在继续经营荣顺馆的同时，在法大马路（今金陵东路），近今福建南路处开设新荣顺馆。顾客都知道荣顺馆，就将旧校场路的荣顺馆，称之为老荣顺馆，称法大马路的荣顺馆为新荣顺馆。法大马路的新荣顺馆生意也很好。于是，在1915年，张杜氏和张晓亭在四马路（今福州路），再开设一家菜馆，叫德源馆。那年，英法租界中间的洋泾浜已经填埋，成为爱多亚路（即今延安东路），此时两店之间只要穿过马路，稍走几步就能到达彼此店铺。两家店生意依然兴旺。再说老荣顺馆那时已经发展到两层楼面，雇工增加到9人。虽是供应家常菜，但是品种增至四五十种，光是“便盆菜”就有十多种，除老主顾外，船主、文艺界演职人员也经常光顾。

1937年，“八一三”淞沪会战爆发，新老两家荣顺馆和德源馆生意清淡。张杜氏决定关闭荣顺馆，保留德源馆。关闭容易，但是职工生活成了问题。老职工为维持生活，经与张杜氏协商，由张杜氏出资500元，由瞿森源、黄坤兴、陆子安、鲁福根、鲁根桥等5位老职工各凑20元，共计600元作为流动资金，恢复老荣顺馆的营业。法大马路的新荣顺馆在1938年关闭，成为历史的符号。

在抗战加内乱形势下，荣顺馆克服市面萧条，坚持质量，坚持薄利多销，恢复信誉，除原有顾客外，附近的绅士以及回城探亲的有钱人家成了主顾。由于顾客对象的变化，家常菜肴虽保质保量，已不适应顾客的要求。以黄坤兴为主的厨师们，除不断创新品种外，还吸收改进其他各帮的名菜，移植他店的名菜，改进烹饪方法，独创了许多具有本帮特色的老荣顺馆的名菜。

（三）成熟期：上海菜的旗帜

上海解放后，“老荣顺馆”重新登记执照。张杜氏认为张焕英无子，决定将外孙张德福立为孙子。张德福，1945年大夏大学法学院经济系肄业。此时，他正在南汇县立敦仁小学从事教育工作，遂放弃教职，入老荣顺馆担任经理。1965年，老荣顺馆迁至城隍庙西侧的福佑路242号，三开间门面，上下两层。那时，这家经营了90年的荣顺馆正式更名为“上海老饭店”，专门烹制江南的鱼、虾、蟹、鳝等河鲜，上海四季时令菜肴以及原有的本帮特色菜。

1978年12月，上海老饭店迁入福佑路校场路拐角处的一栋六层火柴盒式楼房的底楼和二楼，营业面积增至1500平方米。三楼以上便是居民的住宅，充溢着人间烟火味。百年老店包裹在这种浓郁的市井氛围中，滋润依旧，生意非常好。改革开放以后，投资上亿元重建后，以鲜明民族风格，正宗的上海菜肴，及一流的服务走出一片天，成为上海菜的一面旗帜。

（四）鼎盛期：风味走出国门

“千姿百态上海菜，源头还在老饭店。”一个多世纪来，上海老饭店经过数代人的努力，兼容并蓄了徽菜、粤菜、鲁菜等“八大菜系，十六帮别”的精华，经本地化改良后，形成了以“雅”见长、颇有“人文情怀”的本帮特色。其代表菜包括：3种酱油3种糖，入口甜，收口咸的油爆虾；3种酱料11种原料，翻炒出的香甜清辣的八宝辣酱；不放淀粉，靠火功滚煮，烧出浓稠“自来芡”的红烧鮰鱼；滚滚烫、糯笃笃、鲜咪咪的虾籽大乌参；外表肉身酥嫩脱骨，肚内糯米腴汁充盈的八宝鸭……

目前老饭店经营的本帮菜有100多种，其中特色佳肴近30种，专门烹调江南的鱼、虾、蟹和鳝等河鲜及四季时令菜肴，常年供应八宝辣酱、糟钵头、红烧河鳗、青鱼秃肺、清炒响鳝、炒圈子等本帮特色菜，风味胜似当年。

三、传承族谱

李伯荣（1932—2016），国家级烹饪技师，中国烹饪大师，上海非物质文化遗产代表性传承人，上海本帮技艺第三代传人。李伯荣是当今本帮菜技艺最重要的承前启后者。他不仅继承了本帮菜的整套传统技艺，更重要的是，随着时代的不断发展和上海人口味特征的不断变化，李伯荣对本帮菜的传统味型和技法进行了合理变革，使之历久弥新。

任德峰，国家高级烹饪技师，中国烹饪大师，现任上海老饭店总经理。任德峰是本帮菜技艺第四代传人中的代表，现任上海菜专业委员会副主任。他对本帮菜的贡献在于，针对本帮菜的技艺特征，总结整理出一套相应的操作规范和管理流程。

四、代表性菜肴

八宝辣酱：八宝辣酱源于“东记老正兴”饭馆，原菜烹饪后呈汤状，并无酱感，而且味散。老饭店改为起油锅干烧，适当勾芡，并根据本帮口味改进主辅料，色、香、味别具一格。

八宝鸭：八宝鸭源于宁帮“鸿运楼”饭馆，原菜烹饪后呈汤菜，其中糯米、栗子、莲子的“香”“糯”特点不易发挥。老饭店从“粽子为什么比糯米饭好吃”这一道理中得到启发，变汤烧为干蒸，并严格选用良乡栗子、湘莲子等优质原料。勾芡后，香气密封不走散，开筷时，香气四溢，糯滑可口，闻味而流涎。

它在制作中需要经过三道工序，先旺火蒸3小时，再自然冷却3小时，再蒸2小时，这样才能确保鸭子出笼时不散架。蒸的时候，要用锡纸包裹严实，不让“走气”，从而保持鸭肉与莲子、火腿、开洋、冬菇、栗子、糯米等“内容物”的味道充分融合。

虾籽大乌参：工艺过程涉及燎皮、涨发、油炸、红烧等诸多环节，如果任何一道工序没做好，都会影响最后成菜的质量。尤其是涨发的过程十分繁琐，要经过明火烤焦、刮焦、凉水浸泡约15小时，洗干净再放水煮开并焖烧12个小时，之后重复煮开焖烧一次，再开膛去肠、再洗净，再加热两次，涨发一个乌参一般要费时7天。

涨发好的乌参先入油锅爆，再配以河虾籽、红高汤，产生鲜味……最后勾芡淋上滚热的葱油。上好的虾籽大乌参色泽乌光发亮，软糯中略带胶滑咬嚼感，抖动后有明显的飘移式浮动感。其味感是典型的上海浓厚酱香，而虾籽的醇厚鲜香起到了点化的作用。

扣三丝：火腿、笋、熟鸡脯全部切丝，每块“横劈36刀，竖切72刀”，一盆菜1999根一根不少。食材事先煮熟，切丝是为了扩大食材与汤汁的接触面，蒸制过程中，三种味型同时释放，融为一体。上海老饭店推出的迷人“扣三丝”，一改之前用碗扣蒸的堆叠方式，改用一种底部钻孔的杯子，这样新的扣三丝就可以堆得更加细而高。将切成后的三丝塞入杯内，不能断、不能扭曲，上笼蒸透，再往透明的玻璃盆里一扣脱模，一座色泽分明的三丝宝塔矗立在盆子中央，浇上清汤，再飘上两三叶豆苗嫩芽，先不吃，已经把人看呆了。它是本帮菜中的高雅菜式，也是最考验刀工的一道。

红烧河鳗：分别采用“大、中、小、文”四种火候，时间分别控制在5分钟、10分钟、10分钟和5分钟，最后再用大火收汁。经过火候的慢慢调理，红烧河鳗的汤汁就是自来芡，不必挂糊上浆，保持了食材原汁原味的特点，入口即化。

椒盐排骨：椒盐排骨原是家常菜，用鸡蛋挂糊，老饭店改用酱油、酒、味精，加适量淀粉挂糊，严格掌握火候，八成热，一次成熟，皮脆、肉嫩、香气扑鼻。

五、你知道吗

喜欢上海菜的人一定知道，上海菜中有一类特色菜——糟卤菜。

常见的糟卤菜肴有鸡爪、鸡翅、牛百叶、门腔、猪爪、猪肚、毛豆等，糟味香浓、清鲜不腻、清凉可口。每逢盛夏，糟货肯定是沪上食客们首选的菜肴之一。一扎冰啤配上一份糟货拼盘，这配置曾出现在当年上海爷叔弄堂口的小方桌上，如今也出现在酒店的圆台面上。

糟卤，其实是黄酒酿制环节中产出的酒糟，加上黄酒、糖、盐、花椒、茴香等调料，密封压实，再滤出即成。不知道从什么时候起，有高人开始以糟卤入菜，多少年后，竟成了江南一带特色的烹饪方式之一。而上海本帮菜的厨师，尤其善于用糟，别具风味，一份好的糟卤，甘鲜清冽中又带着几分酒味，是本帮厨师们梦寐以求的好食材。

糟钵头是上海本帮经典汤菜，也是一道典型的糟卤菜。相传糟钵头始创于清代嘉庆年间，由上海本地厨师徐三首创。清代《淞南乐府》有记载：淞南好，风味旧曾谙。羊胛开尊朝戴九，豚蹄登席夜徐三，食品最江南。羊肆向惟白煮，戴九创为小炒，近更为糟者为佳。徐三善煮梅霜猪脚。迩年肆中以钵贮糟，入以猪耳脑、舌及肝、肺、肠、胃等，曰“糟钵头”，邑人咸称美味。

后来的本帮菜馆也纷纷效仿此菜，到清末，荣顺馆（后来的上海老饭店）等都曾畅销此菜，“糟钵头”也一度蜚声申城。

（编写：俞　蓉）

独树一帜：绿杨邨

项目名称	绿杨邨川扬菜点制作工艺
项目类别	传统手工技艺
保护级别	上海市级
公布时间	2007年
所属区域	上海市静安区

一、项目简介

上世纪30年代，绿杨邨酒家就以细软入味的扬州菜点蜚声海上。上世纪40年代由“扬”入“川”，开川扬风味之先河，如今成为国家特级酒家，在中华烹坛享有盛名。

绿杨邨高手云集，名师辈出，技术力量雄厚。建店以来，绿杨邨将“选料精、刀工细、调料齐、香头重、口味佳”的精湛技艺一以贯之，引得无数文人食客美誉连连。著名书画家钱君匋为之留下“天厨妙味”的墨宝。

绿杨邨酒家起源于川扬帮，致力于川、扬菜式的传统挖掘，干炒明虾、蟹粉狮子头、清炒江阴河虾仁等菜式无不诉说着川、扬的经典。

改革开放的春风袭来，绿杨邨开始了对上海特色的挖掘。当时新创出的陈皮甲鱼，灵感就来自于川菜陈皮牛肉，改用了上海人喜欢的水产品原料。川扬的烹饪方法，加上上海菜原料，是绿杨邨向“融入上海特色”迈出的重要一步。

1986年以后，绿杨邨越来越注重上海人的饮食习惯。丁香草鸡就是那个时期的代表作。

在上海这个国际大都市，川扬菜系经过几代厨师的努力，为传统赋予了新意，是上海餐饮文化发展史上一道亮丽的风景线。

二、历史渊源

上海绿杨邨酒家始创于1936年，以富有特色的川扬菜肴和淮扬细点而闻名。这家老字号的味道，伴随着一代又一代上海人成长。

（一）萌发期：由“扬”入“川”独树一帜

1936年，扬州文人阎斌甫和卢公明在上海创建绿杨邨酒家（前身叫绿杨邨菜社），店名取自清代文学家王士祯的词《浣溪沙》中“绿杨城郭是扬州”的佳句。这情趣盎然的店名寓意着该店是以扬州菜为风味特色，也是远在异乡的文人对家乡味道的一种回味与传扬。

菜社仅一开间门面，职工30多人，以供应扬州干丝和水晶肴肉两款特色菜而小有声名，生意兴隆。后来菜社扩大经营，装修门面，店堂扩大到200平方米左右，职工增至50多人，更名为绿杨邨酒家。1940年，绿杨邨酒家从四川聘请了川菜大师林万云来掌勺。从此，绿杨邨酒家由“扬”入“川”，创造性地将川菜和扬州菜结合，经营川扬菜肴，既具川菜特色，又有扬菜风味，独树一帜。

（二）发展期：舌尖上的秦晋之好

上世纪40年代的上海，绿杨邨酒家是最早成为汇集四川菜、扬州菜精华于一身的特色酒家。绿杨邨的川扬菜既继承了四川菜的一菜一格、百菜百味、麻辣鲜香、味多、味厚、味浓的特色，又增加了扬州菜刀工细腻、制作精良、原汁原味的传统，在上海滩独树一帜。绿杨邨酒家烹制的川扬菜，素以选料精、刀工细、调料齐、香头重、口味佳著称。烹饪方法有干烧、干煸、清炖、干炒，注重调味，有鱼香、麻辣、酸辣等各种不同口味。著名菜肴有干烧鲫鱼、干烧明虾、干烧冬笋、干烧白菜等。绿杨邨酒家的川贝油鸡、枸杞鸡米、橘红牛肉、绿杨珍珠海参等30多种滋补菜肴，营养丰富，有助保健。绿杨邨自制的点心“八仙长寿糕”据传是根据宫廷秘方制作的，上口香糯。加之长驻南京西路近石门一路的黄金地段，因此宾客盈门，生意兴隆，名扬天下。

（三）成熟期：繁花落寞凤凰涅槃

解放后，绿杨邨曾于1952年在上海的外滩公园旁边开设了一家绿杨邨水上饭店。1955年“水上饭店”迁移至安徽合肥。1957年绿杨邨扩大到三开间门面，店堂扩到259平方米。文化大革命中绿杨邨菜肴特色消失，改名为“伟民饭店”。

改革开放后，绿杨邨注重挖掘上海特色，推出陈皮甲鱼，用了上海人喜欢的水产品原料。上世纪80年代末期，上海人对“鸡”的好感与日俱增，绿杨邨推出的丁香草鸡受到追捧。

1996年，在香港成功开设香港绿杨邨酒家。游客纷至，只为品一下川扬菜的美味。当年，美国前总统老布什访问上海，吃了绿杨邨的菜点，更是连声说“Wonderful! Wonderful!”，为绿杨邨的美味点赞。

2009年，绿杨邨酒家从繁华的南京西路搬至江宁路。那时保持了近70年传统川扬菜的绿杨邨也想赶一回时髦，与人合作开始改做粤式茶餐厅。然而，做着一手淮扬菜绝活的师傅们与这种流行的茶餐厅风格似乎格格不入，用他们的话讲：“一双做淮扬点心的手，怎么做广帮点心？”由于离开南京路后店面缩小，加之酒店风格的改变，一些手握绝活的师傅纷纷离开绿杨邨。

丢掉了传统的绿杨邨，陷入了低迷的落寞时期。凭着对老字号的感情和责任感，

2012年，梅龙镇集团萌发了要重振绿杨邨雄风的念想。随着合作协议以及业主方的租约双双到期，梅龙镇集团重新拿回餐厅的所有权，开启了绿杨邨的重振之旅。

重生后的绿杨邨首先要做的就是把原来的味道找回来。软件上：把原来的师傅们请回来。在点心领域，请回了新一代点心传人、点心高级技师卓文光，她拿手的金牌素菜包、萝卜丝酥饼、鸳鸯条头糕回归绿杨邨。在烹饪上，绿杨邨的第四代、第五代传人也悉数回归。这意味着，老上海熟悉的“淮扬三头”——狮子头、拆烩大鱼头、红扒猪头，重新与市民见面。同时，绿杨邨保留真材实料、高性价比的传统。据说，其素菜包，仅面粉就要处理十几遍。

硬件上：经过装修“整容”的绿杨邨，原本寒碜的店面，以老上海新中式古典设计为风格，融精细、精致地方本土味，装修得古色古香，有了更深的韵味和文化。

（四）鼎盛期：翻新口味价格亲民

重新开业的绿杨邨，翻新口味回归，价格保持亲民，薄利多销。素菜包2.3元一个，价格和原来一样。不仅不涨价，还有三四个品种下调了价格。比如烤鸭外卖，从原来68元降到了58元。

在保留淮扬三头等特色经典同时，还针对年轻人的口味，开设了白领午餐，使用了港式碟头饭，让白领能吃上兼具健康和怀旧的老字号食品。为了唤起80后的回忆，还设计了一道菜，叫阿奶红烧肉。

与此同时，绿杨邨将中草药与创新菜式结合，根据现代上海人的饮食习惯，开设了上海第一家食疗餐厅。为了达到吃药不见药的效果，厨师们有的把药先熬成汤，再与高汤融合进行烹饪，如丁香草鸡、川贝油鸡等；有的选择恰当的时机直接放入，如虫草鸭子、天麻鱼珍等。

花胶是鱼肚中质量最好、分量最少的品种，曾为清代满汉全席所用，是大益虚损的补品。而葱烤正是上海菜的传统烹饪方式，人们最熟悉的就是葱烤河鲫鱼。在绿杨邨将此有机结合，“重磅推出”了“葱烤花胶”菜肴。

三、传承族谱

李兴福（1936— ），中国烹饪大师，何派川菜第三代传人。生于1936年，自幼家境贫寒，立志图强，1948年入顺兴菜馆、聚丰园菜馆学徒。1955年公私合营时，进绿杨邨酒家当小师傅。有幸师从何其坤、钱道元，得到一位四川人、一位扬州人两位大师的厨艺真传。1960年到梅龙镇工作，与沈子芳大师同事，1966年又返回绿杨邨。1995—1998年到香港工作三年，他制作的美味佳肴曾得到陈方安生、刘德华、张学友、梅艳芳及和田一夫等名人的一致赞赏。

他深得何派川菜真谛，对川扬菜的烹饪之道精练通达、炉火纯青，无论是刀工的运用、火候的掌握，还是调味的组合，都达到了得心应手、挥洒自如的境地。在传承之中又有创新。拿手菜有干烧对虾、干烧鳜鱼、干煸牛肉丝、干煸鱿鱼、灯影牛肉、胰香肉丝、淮扬三头、煮干丝和肴肉等数百种川扬名菜。尤其在参、翅、鲍、肚及刀鱼等高档食材的制作方面有独特领悟和演绎，曾创制无刺刀鱼全席、全鹿宴、百鸡宴等，脍炙人口。

沈振贤（1955— ），1955年出生，中国名厨，何派川菜第四代传人。绿杨邨酒家首长特别厨师组成员，多年来担任前国家副主席荣毅仁在上海期间的厨师。

杨隽（1975— ），1975年生于上海，1993年从静安区饮食公司学校毕业后进入绿杨邨酒家，师从何派川菜第四代传人沈振贤。现为绿杨邨酒家厨师长、何派川菜第五代传人。

卓文光（1967— ），1967年生于新疆喀什农三师，1990年考入绿杨邨酒家厨工培训班，师从点心大师胡培玲，第三代点心传人。卓文光以女性的细腻，在“淮扬细点”文化演绎上炉火纯青，又有独创精神。所研制的素菜包、萝卜丝酥饼、枣泥锅贴、小松糕、千层油糕、双色绿豆糕、双色条头糕等佳点，令人称道。

四、代表性菜肴

蟹粉狮子头：蟹粉狮子头是淮扬菜系中的一道传统菜。相传隋炀帝游历扬州时命名创制蟹粉狮子头这道菜，以精选五花肉做主料，配以蟹粉，以文火慢慢逼出肥肉中的油腻，融入蟹粉的鲜香，细腻滑嫩，入口即化，美味无比，属淮扬菜之上品。

狮子头是由肥肉和瘦肉加上葱、姜、鸡蛋等配料斩成肉泥，做成拳头大小的肉丸，可清蒸可红烧，肥而不腻。但现在一般会用较多瘦肉。徐珂在《清稗类钞》明确记述：“狮子头者，以形似而得名，猪肉圆也。猪肉肥瘦各半，细切粗斩，乃和以蛋白，使易凝固，或加虾仁、蟹粉。以黄沙罐一，底置黄芽菜或竹笋，略和以水及盐，以肉作极大之圆，置其上，上覆菜叶，以罐盖盖之，乃入铁锅，撒盐少许，以防锅裂。然后，以文火干烧之。每烧数把柴一停，约越五分时更烧之，候熟取出。”

蟹粉狮子头，最复杂的是肉。机器绞肉不入流，手工切还讲究刀法。配比方面，民间流传版本是三分肥、七分瘦，在绿杨邨则是减肥肉、增精肉，契合本地口味，上桌是又大又嫩的一头。

红扒猪头：红扒猪头即扒烧整猪头，是扬州菜中素享盛名的“三头”之一。此菜先要将猪头头骨剔净，还要将其焖至烂熟，但整个过程中，“猪脸”仍保持原形。成品要保持“酥烂脱骨而不失其形”，色泽红亮、肥嫩香甜，软糯醇口，油而不腻，香气浓郁，甜中带咸，风味不凡。据说，这是乾隆下江南吃的。当时猪头全拆骨，“白扒”烧得“塌塌酥”。万岁爷金口一开：“不如红扒。”猪头从此同酱油亲密接触。

五、你知道吗

2005年鸡年春节前夕，上海绿杨邨酒家不失时机地在鸡年推出百鸡宴飨客，大批食客慕名而来。

具有传统川扬风味的绿杨邨酒家本来就有一款招牌菜“丁香鸡”闻名遐迩。丁香鸡以其色泽嫩黄、香气浓郁、味道鲜美的特点，赢得了广大消费者青睐，在上海众多的鸡菜中独占鳌头。民间流传着“要吃鸡到绿杨邨”的说法。再加上店内的丁健美、沈振贤、杨隽、卓文光等大厨特别擅长制作鸡肴，如丁香鸡、麻辣鸡块、宫保鸡丁、芙蓉鸡片、黄焖鸡、鸡豆花等沪人喜食的鸡肴，他们都做得有滋有味，因此回头客不断。绿杨邨鸡年推出百鸡宴，是该店将近70年来研究鸡菜的厚积薄发。

绿杨邨的百鸡宴首批推出的鸡味菜品有冷盆、热菜、点心共150多款，其中冷盆、点心各有20多款，颇具特色的有丁香鸡、绿杨灯影鸡、白玉冻鸡、琥珀鸡片、扬州风鸡、酸菜鸡肫、如意鸡卷、明珠冻肫、鸡肉三丁包、鸡茸汤圆、嫩鸡煨面、鸡肉小笼，剩下的100多款热菜都是经过精心构思，反复推敲的新品。如锅贴鸡方、荠菜山鸡片、绿杨鸡火翅、鸡茸蹄筋、鸡火煮干丝、一品鸡脑、霸王别姬、绿杨鸡豆花、回锅鸡片、天麻炖鸡、粉蒸鸡片、高丽鸡、鸡翼排海参、鸡茸锅巴、水晶鸡饼、茉莉花鸡、蟹粉鸡卷等，真是“一鸡一格，百鸡百味”。

百鸡宴顾名思义是以鸡为主要原料构成，绿杨邨百鸡宴的最大特色是刀工精细，烹调方法多样，辅料、调料丰富，口味多端。

在烹调上，炸、熘、爆、炒、蒸、煮、煎、炖、焖、氽、烧、糟、卤、拌、冻、烤、扒、风、酱、腌、醉、泥烤、拔丝等中国烹调的十八般武艺都用上了。

百鸡宴在选料上非常讲究，鸡的原料绝大部分都是散养的草鸡、山鸡。辅料和调料也十分讲究。在鸡宴上鸡是主角，当然红花尚需绿叶相衬。即便高档的鱼翅、鲍鱼、海参在百鸡宴上也成了配角。辅料初步统计有河虾、螃蟹、火腿、鱼翅、鲍鱼、海参、花胶、文蛤、燕窝、鸽蛋、鳜鱼、鱿鱼、蹄筋、核桃、银杏、西瓜、木瓜、竹荪、冬笋、春笋、芦笋、胡萝卜、木耳、花菇、蘑菇、西芹、西兰花、黄瓜、韭黄、荠菜、香菜等几百种。各式调料也一应俱全。

（编写：李　媛）

猪蹄第一股：枫泾丁蹄

项目名称	枫泾丁蹄
项目类别	传统手工技艺
保护级别	上海市级
公布时间	2007年
所属区域	上海市金山区

一、项目简介

“枫泾丁蹄”始创于咸丰二年（1852年）。传说咸丰初年，枫泾人丁清仑在枫泾致和桥畔经营一家小酒肆，因无烹饪绝招，生意清淡，丁老板寝食难安，食欲全无。那天丁娘娘为丈夫开胃口，热了一锅开胃中药，其中有丁香、桂皮、红枣、枸杞、冰糖，不料盛好的药翻进了烧制丁蹄的锅中。于是，丁娘娘干脆再加一把旺火收汤，结果烧出的蹄子，香气扑鼻，品尝之后更觉油而不腻，味道鲜美。第二天，丁义兴酒店鼓乐齐鸣，鞭炮连天，老百姓纷纷“围观”。

丁老板对大家讲，他觅到了烧制猪蹄的秘方，特请大家来品尝。围观的人一吃果然感到猪蹄喷香扑鼻，酥而不烂，油而不腻，味道好极了。这个消息很快传遍四邻八乡，酒店顿时兴旺起来，丁氏家族也发达了。

“丁蹄”成品具有汤卤浓厚、肉质细嫩、甜而不腻、肥而不油的独特味道，特别适合江南人的口味，是江、浙、沪三地食客眼中的名品珍肴。

史料记载，“枫泾丁蹄”曾成为红顶商人胡雪岩每次进京必带的贡品。此后，又在宣统二年（1910年）获南洋劝业会褒奖银牌；1915年获巴拿马国际博览会金质奖章；1935年获德国莱比锡博览会金奖等诸多荣誉。由此声名大振，成为枫泾及江南一带民间礼俗的必备食品，并延续至今。

丁义兴传统上用来做猪蹄的原料，是枫泾“杜种猪”，乃著名的太湖良种。它肥瘦适中，骨细肉嫩，一煮就熟。后来，由于这一品种的猪生长周期长，成本高，养殖户越来越少，导致原料稀少，无法满足市场需求。目前，丁义兴主要选用上海小有名气的爱森公司及国内其他大型屠宰场提供的蹄髈作为制作丁蹄的原料。

二、历史渊源

作为传统食品猪蹄髈，全国各地有许多品种：东坡蹄、一品蹄、扎蹄、椒盐蹄髈等品种，但丁蹄的出现是以冷食为主，当然也可热吃，这是与其他地方蹄髈吃法不同之处。据清末民初《清稗类钞•饮食篇》中记载："嘉善枫泾圣堂桥堍，有丁义兴者，百年老店也，以善制酱蹄名于时，人呼之曰丁蹄……"晚清胡雪岩将它献给皇家，从此它成了江南贡品。

（一）萌发期：丁姓兄弟创立丁蹄

"枫泾"是上海金山县的一个小镇，原名"白牛村"。相传宋代有个姓陈的进士，曾任山阴县令，后被罢官，隐居于此，自号"白中居士"。因他一生清风亮节，死后人们将白牛村改名为"清风泾"，继而又称为"枫泾"；清代咸丰年间，有姓丁的兄弟两人在该镇的张家桥地方开设了一家名叫"丁义兴"的酒店，生意一般尚可，但不能满足丁氏兄弟做大生意、赚大钱的欲望。为了进一步打开局面，扩大营业，丁氏兄弟就把主意打在枫泾猪蹄上。

枫泾猪是著名的太湖良种，它细皮白肉，肥瘦适中，骨细肉嫩，一煮就熟。丁氏兄弟就取其后蹄，烹制时用嘉善姚福顺三套特晒酱油、绍兴老窖花雕、苏州桂圆斋冰糖，以及适量的丁香、桂皮和生姜等原料，以温火焖煮而成，十分可口，久吃不厌，很受欢迎，人们称之为"丁蹄"。

（二）发展期：八道工序是精髓

丁家小店传到第三代丁润章兄弟时，丁蹄这道菜又有了质的飞跃。丁家兄弟用料十分讲究，他们选用体小而壮，身黑蹄白，皮薄而嫩，精多肥少的优质猪——枫泾猪为原料，配以有名的"钱万隆"天然特晒酱油、枫泾黄酒以及精盐、冰糖等优质佐料，同时选用上等的十几种香料，用桑树根作燃料，经过三旺三文的煨焖，才烹制出色、香、味俱佳的丁蹄。

其制作工序有开蹄、整形、焯水、拔毛、调味、烧制、去骨和包装八道；一曰"开蹄"，要求开蹄后的每只蹄髈净重1.5市斤。二曰"整形"，修去软皮以及多余脂肪。三曰"焯水"，先将蹄髈放入温水中收皮，取出后用冷水降温、去腥。四曰"拔毛"，拔毛后丁蹄不留一根猪毛。五曰"调味"，丁蹄烧制用的是原汤，但每次新蹄髈入锅后，再选用特制红晒酱油、优质黄酒以及优质冰糖，另加红枣、枸杞、中药材等。六曰"烧制"。七曰"去骨"，将烧制完成的丁蹄用剪刀尖头剖开后夹住筒骨抽出，全过程必须在三秒内完成。八曰"包装"。丁蹄冷却后，师傅用蜡纸包装，竹篮片包扎，一只枫泾丁蹄便可出售了。

这八道工序一般外人不能参与，以确保配方不外传。

火候以"三旺三文"为其精髓，即大火为"旺"，小火为"文"，以"文"为主。蹄髈洗净、拔毛、焯水之后，小头朝上大头朝下，一层一层码进铁锅，加满冷水，先来"一旺"。旺火烧煮10分钟后，水面上漂起一层浮沫，用勺子撇掉，随即放进盐、姜、老酒、酱油等调料。

“一旺”之后，转入“一文”。换用文火，是为避免加进调料之后汤汁溢出。不过火头也不可太过“斯文”，要让锅里汤水保持不断冒泡。“一文”期间，还要加糖，以使蹄髈口感鲜甜、色泽光亮。早些年都用冰糖，后来为压缩成本，改用了白砂糖。这第一段文火，持续40分钟。

之后的“二旺”，主要目的是把糖化开，需时10分钟。接着转入“二文”，40分钟。“三旺”时，要加进“老汤”。煮丁蹄的每一锅汤汁，除一部分融入蹄髈外，剩余的都留作“老汤”。

丁蹄的好味道来自那锅百年老汤，新汤烧煮时加进“老汤”，煮完后又归入“老汤”，如此反反复复循环而行，每天烧时不断加入新的调料，使之保持原汁原味。后来在烧丁蹄时加入野味，如黄禾雀、野鸭等，这样一来，味道互相渗入，使丁蹄越来越好吃。

最后一段文火，是为“三文”，这时要加味精提鲜，加“卡拉胶”使汤汁凝固。这是一种海藻提取物，也是果冻的主要原料，是国家允许使用的食品添加剂。加了卡拉胶，汤汁与蹄髈融为一体，肉中含汁，滋味丰盈。因此与一般蹄髈要趁热吃不同，丁蹄冷吃最佳。

如何使蹄髈不焦不糊？这有技巧。蹄髈跟锅底紧贴，难免烧焦。枫泾丁蹄烧煮时用了“隔离层”：将先前“塑身”那会儿除下的蹄皮一片片贴在锅底。烧制4小时后，确定丁蹄的出锅时间也得凭经验。用笊篱捞起一只，抖一抖，如果蹄髈的皮儿有劲道地抖动，那就是好了；如果蹄髈跟着笊篱一起滚动，则还欠火候。要是用了这招不放心，另有一招：从蹄髈上剪下一块片，用手捏一下，看黏糊糊的胶原蛋白是否流出，如是，蹄髈已煮好，尝一尝，肥而不腻；如不是，一口咬去，满嘴肥油。

早先，丁老板用绍兴花雕酒，后来有了“枫泾四宝”（丁蹄、状元糕、豆腐干和黄酒），便就地取材，改用枫泾黄酒。如今用的酱油是丁义兴向浙江一家厂“委约特制”，确保其中没有任何防腐剂。调料中最关键是8种辛香料，包括桂皮、花椒、茴香、草菇等，装在一个纱袋里。这8种香料怎么配比，自然秘不外传。

正宗的枫泾丁蹄是不能有骨头的，“拆骨”因此成了一道重要工序。蹄髈里有两根直骨，不可生拉硬扯，这会将蹄筋和肉带出来；内行的做法是将其中一根骨头用力旋转90度，再把两根骨头相连处的筋剪断……

（三）成熟期：形成以丁蹄为核心的系列产品

虽然，中国近代曾经历过一系列的社会动荡，但“丁蹄”传统手工制作工艺，在枫泾镇却从未失传过。解放初期，“枫泾丁蹄”多次参加县、苏南区、华东区土特产品交流会，常常载誉而归，在当时物质匮乏的年代，产量不高的“丁蹄”仍然享誉江南。

解放后，公私合营，丁蹄成为枫泾饭店的产品。文化大革命中“破四旧”，认为丁蹄是宣传资本家的产物，故将丁蹄改为“红蹄”。改革开放后，为了保护打造这一品牌，1984年成立枫泾土特产食品厂，1993年组建中外合资上海枫泾丁蹄食品有限公司，十一届三中全会后，工农业生产飞速发展，市场货物充足，“丁蹄”迎来了新的春天。出生于枫泾的原全国人大副委员长朱学范，每次回到故乡，总要关切地问及“丁蹄”的生产情况。

2001年，丁蹄生产作坊发展成为上海丁义兴食品股份有限公司，产量逐年递增。在制作工艺上，融入了现代食品科技，使品味更加醇厚，保质期从传统包装夏季只能存放3天，延长到现在的9个月之久。

丁义兴也在传统技艺和产品的基础上，进行不断发展和丰富。2005年，丁义兴为增加产量，曾将铁锅改成压力锅。这一改，烧制时间从4小时缩短为3小时，可丁蹄变得酥烂有余，风味大失。1年后，沿用了上百年的铁锅被请了回来。

目前，丁义兴形成了酱卤肉制品及非发酵性豆制品两大类，以“枫泾丁蹄”“酱牛肉”“丁义兴野鸭”“枫泾豆腐干”等为核心的18种系列产品。

（四）鼎盛期：百年丁蹄跃上“新三板”

2016年5月19日，上海丁义兴食品股份有限公司在北京举行了新三板企业集体挂牌仪式。参加此次挂牌的企业共8家，丁义兴公司是唯一一家代表上海的企业。随着开市钟声响起，丁义兴公司正式开启了传统食品工业与现代资本市场融合发展的新篇章。

据了解，在生产经营上，公司继续扩大与杜种猪养殖场的合作，以满足丁蹄扩大生产及不同消费人群的需求。在人才队伍上健全“导师制”，在老师傅的传帮带下，培养一批有文化、懂科学的新生代传承人。

在品牌推广上，重新整修丁蹄作坊，打造以丁蹄为主要特色的地方传统食品一条街，拉动枫泾旅游产业和经济；举办“丁蹄文化美食节”，建设“枫泾丁蹄非遗博览馆”，以更好地保护“丁蹄”制作技艺，传承江南水乡美食文化记忆。

此外，为了进一步复原丁蹄的传统风味，更好地唤醒食客的味觉记忆，公司还致力于丁蹄原料——枫泾杜种猪的培育和保护。如今，枫泾杜种猪已取得“国家地理标志”认证，为进一步提升传统风味丁蹄的产量打下了良好的基础。

一个半世纪以来，“枫泾丁蹄制作技艺”六代传承人不忘初心，秉承传统，创造了“日出江花红似火，历经沧桑百余年”的非凡业绩。

（五）瓶颈期：原料制约传统“老味”

“非遗”技艺的传承一般总伴着遗憾，枫泾丁蹄也有遗憾。传统枫泾丁蹄用来做猪蹄的原料，是枫泾黑猪（杜种猪），乃著名的太湖良种。它肥瘦适中，骨细肉嫩，一煮就熟。后来，由于这一品种的猪生长周期长，成本高，纯种的枫泾黑猪，需要10个月左右的生长期，在如今讲究多、快、省的时代，它被两三个月就能长到两三百斤的“外来猪”渐渐取代。目前，丁义兴主要选用上海小有名气的爱森公司及国内其他大型屠宰场提供的蹄髈作为制作丁蹄的原料。

据说，在金山张堰的养殖基地，至今保留着枫泾黑猪（杜种猪）的猪种，共126头；当然都是被保护的，不可能拿来做丁蹄。这些年，不少人一直在呼吁恢复枫泾黑猪的规模养殖，恢复枫泾丁蹄多年前的纯正“老味”。

三、你知道吗

枫泾是上海西南角的一个古镇，历史悠久，1500年前即已集市。从宋朝开始，枫泾一地就南北分治，历经五个朝代，以镇中界河为界，南属嘉兴府嘉善县，北属松江府华亭县。一座界河桥，分跨吴越两地，使得多少年来吴越两地的文化在此碰撞、交融，形成了这里独特的地域文化。现代枫泾出了两个著名画家，北镇是上海中国画院院长程十发，南镇是著名漫画家丁聪。

枫泾丁蹄是上海市郊金山区的特产，已有一百多年历史。它采用黑皮纯种“枫泾猪”的蹄子精制而成。这种黑皮猪骨细皮薄，肥瘦适中。丁蹄煮熟后，外形完整无缺，色泽红亮，肉嫩质细。热吃酥而不烂，汤质浓而不腻；冷吃喷香可口，另有一番风味。它与镇江“肴肉”，无锡的“无锡肉骨头”一样享有盛名。

丁聪小时候常听父亲提到丁蹄。有一次，丁聪问父亲丁悚：“丁蹄和我们家有关系吗？”父亲说：“丁蹄是枫泾一个饭庄做的蹄子，特别好吃，因为掌柜的姓丁，所以叫‘丁蹄’，与我们家没关系。”2005年，金山枫泾在筹建“丁蹄作坊”时，请丁聪题匾额，他欣然接受，并风趣地对枫泾负责此事的丁四云说：“丁蹄终于和我有关系了。”他还说：“丁蹄作坊，我丁聪题字，你丁四云建造，我们三丁终于联系在一起了。”

（编写：新　闻）

官菜“活化石”：直隶官府菜

项目名称	直隶官府菜
项目类别	传统技艺
保护级别	国家级
公布时间	2011年
所属区域	河北省保定市

一、项目简介

直隶官府菜从明朝萌芽、清朝兴盛到新时期的复兴，历经600多年，被称为中国官菜的“活化石”。直隶官府菜又叫“直隶衙门菜”“直隶公府菜”，是对古代直隶衙门官府制作的供直隶官僚阶层享用的菜肴流派的统称。

直隶官府菜来自于民间，形成于官府，升华于宫廷。比如，直隶官府菜中的“半蒸半煮”就源自渔民的传统吃法“贴饼子炖杂鱼”，李鸿章烩菜起源于保定老百姓爱吃的猪肉炖粉条，道道菜品都有典故，直隶官府菜就是满含典故的冀菜精华。

直隶官府菜出品精致大气，形象逼真，彰显官府贵族气派。有的菜品甚至霸气十足，富丽堂皇，务求质精，大有“宁尝直隶官府菜一口，不吃家常菜一盘”的食欲效果。中国的菜肴体系，无论是从地域上，还是风味上，或是食者的身份地位、民族、习惯上来说，出自宫廷、官府的菜肴，始终都是“味”高权重的。

直隶官府菜的整体特征：精致大气，不仅注重口味，而且注重质感，做工精细，讲究旺油抱汁、明油亮芡；菜肴在鲜嫩、爽滑、醇厚、干香基础上，兼具多味，南北皆宜，在注重“色、香、味、形”的同时，又增加了“料（原料考究）、器（器皿精美）、养（营养丰富）”的特点。

直隶官府菜有自己独特的器皿，外观精美，科学实用。最具代表性的要数温盘、温碗和温盏。温盘底座上部有一对端耳，其中一个端耳上有与密闭腔室相通的注水口，使用时通过注水口注入热水，即便是寒冬时节也能长时间保持菜品温度。温碗和温盏都是从底部一个漏斗状的水槽注水，将其放置在桌上后，碗内的漏斗口向上，巧妙地实现了热水不会倒流。直隶官府菜的瓷餐具多为凝重内敛的青花瓷制品。

直隶官府菜的形成与发展，传承了东方烹饪技术的精华，促进了中国烹饪饮食文化的发展。

二、历史渊源

直隶官府菜系是在吸纳中华饮食文化、京师满汉全席等皇帝御宴及江浙菜、安徽菜等地方菜特色的基础上形成的，无论菜肴还是小吃、主食，都具备了一定的独到风格，尤其是菜肴的结构和筵席形成了一定格局。直隶官府菜系的发展大致经历了以下几个阶段：

（一）萌发期：南北饮食荟保定

“直隶”二字最早见于宋朝，宋朝以州领县，其直属京师者称直隶。明永乐皇帝迁都北京后，称北京附近的地区为北直隶，包括今天的北京、天津两市，河北省全部，山东的小部分地区，清王乾问鼎中原后，承袭明制，在全国继续推行行省制度，地处京师附近的北直隶被称为直隶省。

保定作为直隶省内最大的城府，城内食肆林立。在悠悠百年的岁月里，帝王巡顾，要员任守，达官显贵在此聚居，巨商大贾在此汇集，多种民族在此生活，南宾北客在此川流，各地的官宦富商在这里建起几十个同乡会馆，南北饮食荟萃一地。逐渐形成不同于宫廷菜的“直隶官府菜”雏形。

（二）发展期：官厨民厨巧嫁接

清朝，康熙、乾隆、嘉庆、慈禧太后、光绪帝多次到保定巡幸，帝妃炊膳多在保定府自营饭馆或酒家，保定府民间名厨屡屡被召入宫。这就使宫廷和保定民间烹调技艺得到不断交流升华，形成了直隶官府菜的地方风格。同时，以直隶总督为代表的历代官宦为享乐和应酬，极为重视饮馔，府中多讲求美食，并各有千秋。清代直隶总督作为朝廷的一品大员，随从甚众，而随从之中极为重要的一类就是官厨。直隶总督署的官厨大多身怀绝技，不仅要掌握直隶总督祖籍菜品口味，更要融合宫廷菜式，满足政治交往的需求。

清咸丰皇帝以后，直隶官府宴会向民间靠拢，保定府民间也可以向皇宫、直隶官府培养输送厨师，最早有历史记载的是张家作坊。直隶官府菜在民间的广泛传播始于1854年保定张家作坊的开办，这是清代最大的膳业经营与厨师培训合一的饮食作坊，张家作坊网罗宫廷和直隶总督署的退任官厨，以经营直隶官府菜和保定民间菜为主，很快声名鹊起，闻名省内外，并成为向皇宫选派御厨的指定作坊，同时还为直隶各官衙派出官厨，对直隶官府菜肴的传播和发展起到了重要的作用。

除了清代的直隶总督署时期，民国时期的北洋菜也构成了直隶官府菜的重要部分。民国年间的保定，当时军阀政客、商人、学子来往于此，流动人口比较多，饮食发展相对比其他地区发达。直隶官府菜基本是以曹锟光园以及保定府著名饭庄为承载展开的。而原皇室和王公贵族、大官僚的御厨、名厨们流散华北地区，将宫廷的秘传菜谱与直隶官府菜系有机巧妙结合，口味开始多样化，将直隶官府菜文化推向了新的高峰。

（三）成熟期：官府菜肴露头角

新中国成立之后，一些有识之士一直想挖掘直隶官府菜这座宝库。上世纪50年代，保定饮食公司联合孙景海、孙俊清等一批饮食名师出版了该省第一部《菜谱手册》，其中包含部分直隶官府菜品。上世纪60年代，河北省政府从天津迁回保定，提出恢复传统饮食文化，保定饮食公司选派孙化南、任云章、王锡瑞等名师组成了烹饪技艺研讨会，开展了广泛的技术研发。上世纪70年代，保定烹饪名师刘云龙等人编写了《保定菜肴讲义》，一些直隶官府菜品如红烧海参、芙蓉鸡片、总督豆腐等均在其中。进入上世纪80年代，改革开放的大潮促使大批民营企业登上历史舞台，保定餐饮业得到了快速发展，直隶官府菜代表菜品先后在1983年、1988年的两届全国烹饪大赛上获得大奖，开始在全国饮食行业崭露头角。由原省商业厅和保定市饮食服务公司联合成立了研发组，从历史文化、特产技艺方面对直隶官府菜和冀菜进行全面挖掘和整理，为直隶官府菜的传承奠定了基础。

（四）鼎盛期：推陈出新图进取

2005年，作为中国首个餐饮类非物质文化遗产项目，保定会馆成立了由名厨梁连起、李福喜、梁卫国、梁连伟、张宝成、吕义、孙进宝等一批烹饪大师和专业人士组成的直隶官府菜研究会，大量挖掘有关“直隶官府菜”的一手资料。看到梁连起对餐饮文化的痴迷，一些保定名厨、直隶官厨的后人将自己珍藏的老菜谱捐给直隶官府菜研究会。直隶官府菜研究会依据收藏的明、清、民国时期的老菜谱和相关史料，成功开发出李鸿章烩菜、阳春白雪、国藩代蟹、鸡里蹦、直隶海参等400余道直隶官府菜品。

三、代表性菜肴

炸烹虾段：华北明珠白洋淀风景秀丽，水域辽阔，蒲绿荷红，物产丰富。素有“北国江南”之称，“鱼米之乡”之誉。水产品种繁多，青虾、鳜、鲤、元鱼、河蟹，远近驰名、久负盛誉。白洋淀所产青虾外壳透明光亮，肉紧密而有韧性，并含有丰富的钙、铁、磷等矿物质，有补肾壮阳的功效。据《四库全书·高宗御制诗集》记载，乾隆五十三年，乾隆皇帝在白洋淀赵北口行宫用膳，品尝炸烹虾段、松树卧莲花、鱼虾豆腐羹等名菜，大加赞扬，有诗为评，“水路吉行三十里，烟宫驻跸淀池濆。和门敞向春晴午，联席聊酬奔走勤……”。

炸烹虾段选用上等白洋淀青虾，旺火速成，虾肉清脆鲜嫩，此菜曾作为康熙、乾隆巡幸白洋淀于赵北口行宫用膳的御宴菜品，是官府名菜，数百年不衰。

鸡里蹦：康熙五十五年二月二十五日，康熙皇帝御舟停泊在保定府安州白洋淀郭里口行宫。大学士张廷玉、直隶巡抚赵宏燮等人侍驾。

时近黄昏，皇帝决定用御膳。保定官府名厨，用家养雏鸡宰杀，加白洋淀新鲜虾仁，佐以槐茂甜面酱，炒制一道菜献上。康熙食此菜后，感觉既有鸡肉之鲜香，又有虾仁之脆嫩，更觉酱味唇齿留香，便唤上厨师，问是何菜。厨师情急之中，想到做菜时的鲜虾蹦跃之形，便随口答道：回皇上，此菜本名鸡里蹦。康熙一听，龙颜大悦。夸奖道："好一个鸡里蹦！鸡、虾为水陆两鲜集萃，此菜有情有景，菜名栩栩如生。"

此菜以白洋淀特产大青虾及家养雏鸡为主料，保定厨师在清前期大胆出新，两鲜并举，甜咸醇香、营养丰富，在中国北方饮食史上实属首创。

李鸿章杂烩：清朝辅国重臣李鸿章官拜直隶总督兼北洋大臣，在直隶任上近三十年。1896年奉慈禧太后旨意出使欧美各国，在外数月，因不习惯西餐，很是思念家乡饮食。李鸿章回到直隶总督署后，曾给膳食总管董茂山谈及此事，董茂山心领神会，便与师弟长春园掌柜王喜瑞共同研究，二人根据保定府自古擅做烩菜的传统，精选上等的海参、鱼翅、鹿筋、牛鞭等，配以安肃的贡白菜、豆腐、宽粉等，加入保定府三宝之一的槐茂甜面酱精心烩制而成，在总督署东花厅的宴席中奉上此菜，李鸿章品尝后翘指称赞。后来直隶官府、官厨便逐步将此定名为"李鸿章烩菜"。

南煎丸子：全国各地的丸子都是圆形，唯独保定府的南煎丸子是扁型棋子状。这是为什么呢？因为古时保定城以水路为主，南、北奇（地名）一带水域广泛，路网密集。保定府会馆林立，南北货物云集，不乏各地特产，如冬笋、香菇、海参等。南奇厨师采用本地的荸荠，配以南方的玉兰片、肉馅、海参等做成丸子。因直隶总督袁世凯位高权重，民间戏称袁大头，在直隶官府宴席中，为避讳"袁"字，厨师将圆形丸子做成棋子状，大胆采用独特的烹制方法，创制出南北皆宜、原汁原味的美味佳肴，因出于保定府南奇，故取名南煎丸子。

上汤萝卜丝：冬吃萝卜夏吃姜，不用医生开药方。光绪二十七年，慈禧太后过保定时，直隶总督袁世凯集合官府厨师，专门研制通气祛火、滋补养颜的菜肴。时值冬日，原料稀缺，督府厨师大胆采用保定特产白萝卜，切丝水制成上汤萝卜丝。此菜汤清味鲜、萝卜脆嫩，刚一上桌，室内清香弥漫，老佛爷对此菜大加赞赏。于是，上汤萝卜丝成为直隶官府菜流传至今。

桂花鱼翅：据史册记载，慈禧太后酷爱桂花，在颐和园中广为种植。花开之时，满园飘香、景色怡人。直隶总督荣禄命官厨仿桂花之形之色创制出桂花鱼翅、桂花干贝等菜，以示对朝廷效忠。桂花鱼翅色泽淡黄、形似桂花、鲜咸醇香、松软可口。此菜在直隶总督署东花厅中秋佳节团圆盛宴上受到了总督荣禄及家眷的好评。光绪二十七年、光绪二十九年，慈禧太后两次过保定，据说曾品尝此菜，也是唇齿留香，盛赞不绝。

四、你知道吗

锅包肘子，是清代保定府高阳县名厨王老昆为参加科考的举子烹制的，这道菜品有一个典故。

史料记载，清代保定作为直隶总督署所在地，全直隶的乡试都在保定举行，各府的考生要集中在保定科考。另外，保定为京城门户，全国各地进京参加殿试的考生也必经保定，是各地举子进京赶考和临试苦读的最后一站。

参加科考的考生每人单独一小屋，外有军兵监视，每场考试几天，考生要在小屋里吃和睡。家境富裕的考生往往自带营养丰富的食品，例如肘子、酱肉等，但连汤带水，色泽也不雅，携带并不方便。为此，王老昆改进制作工艺，烹制了“锅包肘子”。这道菜是把肘子在锅中煮半软，然后在原汤中放各种调料，用温火炖软，再用团粉挂糊，油炸至金黄出锅，改刀入盘，撒上五香面即可。锅包肘子外焦内嫩，香酥适口，香而不腻，而且没有汤水，营养丰富且携带方便，一问世就大受欢迎，成为举子们从保定进京必带的食品。

后此菜因有美容养颜的功效传入宫廷，成了备受帝王后妃青睐的一道名菜。据说，锅包肘子深得慈禧太后喜欢。她每次吃这道菜，都要品评赞赏一番。慈禧太后还特意召王老昆进宫到御膳房专门烹制锅包肘子。王老昆70岁时告老还乡，在高阳县城内开了家饭馆，名“如意馆”，专卖锅包肘子，使这道菜又流传于保定民间。

因锅包肘子深得慈禧太后赏识，直隶官厨便将其列为直隶官府菜，大小宴请都要上。食用锅包肘子时，再配以保定特有的甜面酱、葱白、鲜黄瓜条、荷叶饼、小米绿豆粥，效果更佳，口味醇香绵长，营养丰富全面。

（编写：原　群）

百吃不厌：小绍兴

项目名称	小绍兴白斩鸡制作技艺
项目类别	传统手工技艺
保护级别	上海市级
公布时间	2008年
所属区域	上海市黄浦区

一、项目简介

“小绍兴”创始于1943年，距今已有70多年的历史。“小绍兴”坚持选用上海浦东地区三黄鸡入汤锅煮制而成。成菜色泽金黄，皮脆肉嫩，滋味鲜美，百吃不厌。如今虽然沪上百鸡竞争，但小绍兴的“白斩鸡”一直名列首位，销售数量、质量和声誉均居申城之冠。它以优质鸡种，传统工艺，独特配方，科学管理的流程及皮脆、肉嫩、味鲜、形美的特点，而享誉卓著，深受中外消费者的青睐。小绍兴鸡粥店常年座无虚席。即使是在大闸蟹上市季节，顾客依然盈门，营业额有增无减。1985年，“小绍兴”的白斩鸡被商业部评为传统名特优质产品，定名为“拇指牌”商标。

二、历史渊源

“小绍兴”在上海，就是“白斩鸡”和“鸡粥”的代名词。尽管现在小绍兴已大大扩充了店堂，成立了集团公司，并开设了好几家分店，甚至跨过黄浦江，落户浦东；但要吃“小绍兴”白斩鸡，还是要排队，要等。一种美食，能几十年经久不衰，使嘴巴很“刁”的上海人如痴如醉，并且名扬中外，实在是一件很不简单的事。其实，它最早的注册商标是凤冠牌白斩鸡，并非小绍兴，可为什么人们要叫它小绍兴白斩鸡呢？

（一）萌发期：章氏兄妹开鸡粥店

“小绍兴”这个店名是顾客喊出来的。粥店的前身原为粥摊，摊主章润牛，16岁时与他妹妹章如花随父从浙江绍兴马鞍章家大村逃荒到上海，在西新桥附近（即现在的云南南路）栖身。那是1940年春，他们迫于生计，批些鸡头鸭脚鸡翅膀来，烹调后拎着篮子走街串巷叫卖，兄妹俩省吃俭用，积攒了点钱，于1946年在云南南路61号茶楼底下的弄堂口，用两条长凳、三块铺板摆了个摊头，卖些馄饨、鸡头鸭脚、排骨面条。当年，这一带各类小吃摊头云集，尽管章氏兄妹喊破嗓子，光顾者还是寥寥无几。于是便改为鸡粥摊，但生意也不景气。章氏兄妹快快不乐，唉声叹气，担忧着一家老小的生计。

一天章润牛与章如花在谈论出路时，忽然想起孩提时老人们讲过绍兴产的越鸡曾向清代仁宗皇帝进贡的传说：在绍兴的一个山村里，住着几家农户，每年都要养许多鸡，每天清早就把鸡放上山去觅食。这些专靠寻觅野生活食长大的鸡，肉质特别肥嫩，烧好以后味道特别鲜美。有一次皇帝尝了以后特别喜爱，从此，要他们年年进贡，并称之为越鸡。

章润牛从这个传说中受到启发，开始选用农村老百姓放养长大的鸡作原料。这一改，鸡粥鲜味果然非同一般，继章氏之后开设的一些鸡粥店不知其中奥秘，因此生意都不如章氏兄妹。

那时，一些文艺界的知名演员如周信芳、王少楼、盖叫天、赵丹、王丹凤等，每当半夜演完戏，总要来到章氏兄妹鸡粥摊上吃夜宵，并成了常客。由于章氏兄妹的鸡粥摊没有招牌，而摊主章润牛一口绍兴音，加上他个子瘦小，一些老顾客都以“小绍兴”相称呼，久而久之，“小绍兴”就成了鸡粥摊的摊名了。

虽然小绍兴鸡粥摊刚开始时规模很小，但由于精心钻研烹鸡技术，善于经营，小吃摊在云南路上逐渐有了点名气，生意渐渐有了起色。抗战胜利后，小绍兴鸡粥摊已经初具规模。

那时，店的周围都是戏院：共舞台、天蟾舞台、大舞台、黄金大戏院、大世界……每天戏院散场后，观众与卸了妆的演员蜂拥而至。天时、地利、人和，使鸡粥生意逐年兴隆。

（二）发展期：“活杀鸡”享誉上海滩

在十里洋场的旧上海，摆个鸡粥摊谈何容易！平时，地痞流氓常来“光顾”，除了白吃白喝外，还要顺手牵羊。待之稍有不恭，他们便会寻衅闹事。

一天，两个警察在小绍兴吃饱喝足后，又要拿鸡。小绍兴无奈，只好依从。但从烧锅里取鸡时，心急慌忙不小心把鸡掉在了地上，小绍兴见边上刚好放着一桶井水，就顺手将鸡拣起来在井水里洗了一下，心想让吃白食的警察局长吃了拉肚子才好呢。不料事后警察吃过了说这只鸡特别好吃，还想再吃。小绍兴感到十分意外，细细一想，觉得大概与井水洗过有关。后来他如法炮制，果然鸡皮又脆又嫩。从此，他将烧好的鸡都放入井水浸泡片刻，这种独特的方法使小绍兴的白斩鸡以皮脆肉嫩而名声大噪。接着他又在火候、调料等方面下了一些工夫，使小绍兴白斩鸡更加鲜美，吸引了大批顾客。加上当时明星演员的光顾，小绍兴的名气就这样大了起来。

尽管鸡粥摊的生意比从前好多了，但因为鸡是隔天杀的，第二天再烧，鸡味就不怎么鲜，而且每次要隔两三天才能卖完一只鸡，章氏兄妹为此发愁。有一天，唱滑稽戏的杨华生吃完夜宵刚走，兄妹俩又在小声议论，章如花说，杨华生演一出“活菩萨”出了名，哥哥一门心思只想“生意经”。猛然间，章润牛把“活菩萨”错听成“活杀”，使他顿时想到只有活杀的鸡味道才会鲜，生意才会兴隆。于是，他们二人对平时的一套生产程序作了变更，由隔天杀鸡改成当天早晨杀鸡、下午烧鸡、晚上卖鸡，加上讲究烹调。这样一来，烧出来的鸡粥味道更鲜。“小绍兴”的“活杀鸡”从此出了名。

（三）成熟期：坚持传统创新发展

新中国成立后，“小绍兴”的鸡粥生意越做越大，最多时一天能卖出20只鸡。三年自然灾害期间及十年“文革”期间，“小绍兴”因鸡源匮乏被迫停业。到1979年6月28日，“小绍兴”重新挂牌开业。章如花出任店经理，章润牛担任烹调技师。经过几年苦心经营，他们在选鸡、杀鸡、烹调、斩鸡等操作技术方面总结出一整套丰富的经验，“小绍兴”的传统特色又有了新的发展。

上海人一般都喜欢“三黄”鸡，但“小绍兴”的“三黄”鸡并非嘴黄、毛黄、爪黄，而是嘴黄、爪黄、皮黄。而且即使是“三黄”鸡，到了“小绍兴”那里也并非只只都能入选。他们把关严格：主要购进绍兴、余姚、南汇县等一带农民养的鸡；还要是散养的鸡；公鸡要当年的，母鸡要隔年的；母鸡必须在四斤以上，公鸡须在四斤半以上。如货源少，宁可生意少做，决不降格以求。

“小绍兴”在对鸡的挑选上，还练就了一套“看、抓、摸、吹、听”的本领：看，就是一看就可知道鸡的产地，是圈养的还是散养的；抓，就是一抓就知道鸡有多重；摸，就是一摸就知道鸡的肉质是老还是嫩；吹，就是用嘴吹鸡毛，就知道鸡的皮色和品种；听，就是听鸡的叫声，就知道鸡的内脏健康状况。这还不够，凡是经“小绍兴”挑选“录取”的鸡，进店后并不马上杀，还要圈养一两天，由章如花仔细观察鸡的灵活程度，再决定宰杀的先后次序。

“小绍兴”的绝招，被视为立身之本，但是，它还兼有“大众化”的传统经营方针。譬如，价廉物美的鸡粥，是用鸡汤原汁烧煮成的粳米粥，配以鸡肉和各种佐料的一种小吃。吃鸡粥时，将煮熟的鸡切成3厘米长、0.6厘米宽的块，装盘，鸡粥盛入碗内，上面再浇一匙特制的汁露调味，加上葱、姜末和鸡油，一同上桌。此时，鸡粥黄中带绿，鸡肉色白光亮，令人赏心悦目，食欲大增。品尝时，鸡粥粘韧滑溜，鲜香入味，鸡肉细嫩爽口，营养丰富，越吃越香、味美可口。鸡头、鸡脚、鸡翅则可任意选购。

（四）鼎盛期：严格工艺多元连锁

解放后，“小绍兴”传人继承传统并发扬光大，生意日益红火。1979年6月29日，“小绍兴”正式恢复字号和特色，并坚持“面向大众、发扬特色、分档经营、适应多层次消费”的经营方针。

“美味首先来自原料”。白斩鸡的鲜嫩，首先还是鸡的品种问题。其次烹饪标准是“骨髓透红但不见血”，肉是全白色，骨髓处深红，一看也是全熟，血丝更加不会有。为了做大做强“小绍兴”的品牌，1984年，“小绍兴”选用由上海农科所、农学院科研产品——新浦东鸡，并在当时的南汇县政府支持下，进行定点饲养和定点收购。

1991年，“小绍兴”又与原南汇县政府、市农科所三方联合立项，培育小绍兴专用优质鸡——石红鸡（获上海市“星火计划”三等奖）。1997年，“小绍兴”建立了种鸡场，坚持科技创新，先后投资近千万元，完成四大科技攻关项目，成功研发出“小绍兴优质鸡”，确保在鸡源上领先一步。与此同时，“小绍兴”在长期实践中探索形成白斩鸡工艺流程“九字经”，即育、选、宰、洗、烧、冷、斩、装、料，每道工艺流程均有严格的操作规范，鸡从杀鸡场出来后，每批次通过有关部门的检验检疫，贴上标志，装冷藏车，到店后当天直接烹饪。皮脆、肉嫩、味鲜、肥而不腻的“小绍兴”白斩鸡，先后荣获“商业部优质产品”“农业部无公害农产品”“中华名小吃”“中国名菜”“上海市优质产品”“上海国际旅游产品博览会精品奖”“上海首届餐饮文化博览会特别金奖”“上海名菜大王”等荣誉称号。

1984—1993年，“小绍兴”在云南南路先后经过改扩建，经营面积从原来的40平方米扩大到2000多平方米，其中还经历了从鸡粥店到酒家再到“小绍兴”大酒店的三次质的飞跃。为迎世博，“小绍兴”云南南路旗舰店于2008年结合云南南路美食街的改造，再一次进行了改建。从此，老店旧貌换新颜。

目前，“小绍兴”连锁公司总部“小绍兴大酒店”建筑面积达2726平方米，共有6个楼层。其中，一楼是以小绍兴优质白斩鸡为主的传统特色产品销售区；二楼是舒适休闲的风味小吃区；三楼为宽敞大气的宴会厅，可容纳20桌喜庆筵席；四楼则是典雅宁静的包房区，设有大小包房11间。整个餐厅可同时容纳500余人用餐；五楼、六楼为客房区，设有标准客房20余间。

“小绍兴”除了用心做好白斩鸡外，在江、浙、沪菜肴的烹饪上也有独特之处。“小绍兴”除了向食客供应安全、卫生、营养、味美的白斩鸡之外，还要供应正宗的上海本帮菜和江南风味菜，让食客在“小绍兴”过把美食瘾。为此，“小绍兴”坚定不移地实施产品品牌向餐饮品牌战略转变，坚持创新，以鲜明的上海风味菜和江南地方特色菜为发展方向，精工细作，精心烹饪，推出“虫草花炖老鸭”“元宝虾”“口味牛蛙”“赛熊掌”“红焖梅花参”“糟香白水鱼”“蛤蚧当归炖草鸡”等数十种创新菜，受到食客一致好评。

一份耕耘，一份收获。目前，“小绍兴”已从一家企业发展到30余家分店的连锁企业，先后获得“中华老字号企业”“中华餐饮名店”“上海名牌”“上海市著名商标”“上海市著名餐饮企业”“上海餐饮名店”等荣誉。

三、你知道吗

上海白斩鸡始于清朝末年，先在酒店出现，用本地饲养的浦东三黄鸡制成，将做好的鸡悬挂在熟食橱窗里，依据顾客需求，随点随斩。后来，上海各饭店也普遍供应，不仅用料愈加考究，而且还用熬熟的虾子酱油，随白斩鸡一同上桌，供顾客蘸食，其味更为鲜美。如今上海小绍兴酒家运营的“白斩鸡”最为著名。假设说北京烤鸭是京城的招牌菜，那么沪上则推白斩鸡无疑。白斩鸡的渊源可溯自战国时代楚国的宫廷名菜露鸡。据郭沫若考证：露鸡即卤鸡，选用嫩母鸡投入五味调和的卤汁中煮熟而成，阅历代相传而成为宫廷及官方的一款佳肴；在演化进程中又花开两枝：制法分红白两种，红者为烧鸡，白者即如今的白斩鸡。

有人把上海“小绍兴”的白斩鸡拿来与北京全聚德的烤鸭媲美。乍听，似乎有些过分，但当你品尝到那皮脆如海蜇、肉嫩、味鲜又微微带甜的鸡块，加上配的蘸水主要是一碟香油，使鸡块越加滑润，便于在口里活动，因此只要吃上一块，便觉满口生香，美妙无比，越吃越想吃，再也管不住自己的嘴。难怪一位远道而来的日本朋友留下了“美味天下第一，但愿我有机会再来”的话。有位海外归侨临上飞机前买了整只的鸡带到异国去，给他在异国的家人尝鲜。一位外商在“小绍兴”用完餐对章润牛说：“我出一千美金一个月请你去如何？！”章润牛回答：“我的‘家’在此，出五千元我也不去。”

（编写：谢　冷）

传统名产：金华火腿

项目名称	火腿制作技艺（“金华”火腿）
项目类别	传统手工技艺
保护级别	国家级
公布时间	2008年
所属区域	浙江省金华市

一、项目简介

金华火腿又称火朣，浙江金华汉族传统名产之一，具有俏丽的外形，鲜艳的肉色，独特的芳香，悦人的风味，以色、香、味、形“四绝”著称于世。金华火腿是浙江省金华市最负盛名的传统名产。金华火腿皮色黄亮、形似琵琶、肉色红润、香气浓郁、营养丰富、鲜美可口，在国际上享有声誉。

驰名中外的金华火腿，历来是朝廷贡品、宴席珍馐、家庭美肴、馈赠佳品。据史料考证发现，金华火腿堪称历史悠久之中国传统名食。历代文豪与金华火腿也早就结下不解之缘，如李渔、吴敬梓、曹雪芹、泰戈尔、鲁迅、陈望道、郁达夫、梁实秋、徐铸成等。

金庸的武侠小说《射雕英雄传》里，黄蓉以美食诱洪七公收郭靖为徒一节，有一道菜，名曰“二十四桥明月夜”。书里这样描写道：“黄蓉十指灵巧轻柔，将豆腐这样触手即烂之物削成24个小球放入先挖了24个圆孔的火腿内，扎住火腿再蒸，等到蒸熟，火腿的鲜味已全到了豆腐之中，火腿却弃之不食。”

香港美食家、专栏作家蔡澜依照书中介绍，将这看似不可能的火腿菜进行了还原，赢得金庸先生赞叹连连。并且，这道菜还成为香港“镛记”酒店的私房菜。

二、历史渊源

相传八百年以前，宋朝皇帝想重新修建锦绣一般的天府之国，早早就选择了一个好日子，下旨要文武百官来朝共谋国计，并带一样山珍海味来。

圣旨颁下去后，在朝的文武百官立刻派人分奔四处，跋山涉水去采集珍味佳品。到了那天，有的带来天上美鸟，有的带来海中怪鱼，还有的带来山谷奇兽、田野名菜……

当时，有一位在朝将军宗泽，是义乌人。他为办这佳品，曾千里迢迢赶回家乡。那天正是中秋节，乡人都请宗泽尝家乡百姓常年喜食的佳品——咸猪腿肉做的粽子。宗泽一尝，觉得里面的咸猪腿肉色、香、味俱全，便选了几只最好的咸猪腿带去京都，献给皇上。皇帝和文武官员尝到咸猪腿肉，赞不绝口。

宗泽为纪念家乡名产，就请大家给这咸猪腿肉取个名字。于是，文武百官你一言我一语地议论开了。都说咸猪腿的肉有它独特的味道，色泽鲜红如火，叫它“火腿”吧！

从此，一传十，十传百，“火腿”的名声越来越大，销路愈来愈广，受到了国内外人士的赞誉。

后辈为了纪念宗泽，把他奉为火腿业的祖师爷。20世纪30年代，义乌人在杭州开设“同顺昌腿行”和“太阳公火腿店”，堂前仍悬挂着宗泽画像，显示正宗，誉满杭城。

（一）萌发期：火腿，产金华者佳

金华火腿始于唐盛于宋，距今已有1200多年的悠久历史，是我国各类火腿的鼻祖。

对金华火腿的赞誉，早在唐开元年间就有记载。陈藏器撰写的《本草拾遗》中称，“火腿，产金华者佳”。两宋时期，金华火腿得到较大发展，生产规模不断扩大，已成为金华的知名特产，也成为朝廷的贡品。元朝初期，意大利旅行家马可•波罗将火腿的制作方法传至欧洲，成为欧洲火腿业的起源。

明朝时期，金华最早的地方志《嘉靖浦江志略》中记载的食类仅有“日擂茶、日火腿”两种，《本草纲目》对火腿也有记载。

（二）发展期：官家豪门餐桌佳肴

至明代，金华火腿年产量已达10多万只，成为当地主要特产和官府必征的物产之一。据《金华县志》载，贡赋类“万历六年（1578年）派办物料，火肉派自礼部”。1606年《万历兰溪县志》亦载：“火肉皆每岁额办之数派办”。至今，杭嘉湖地区还沿称火腿为火肉。当时，金华火腿多为官家豪门餐桌佳肴，这在中国古典名著中多有描述。

到了清代，金华火腿已外销日本、东南亚和欧美各地。清代内阁学士谢墉曾在《食味杂咏》中提到：“金华人家多种田、酿酒、育豕。每饭熟，必先漉汁和糟饲猪，猪食糟肥美。造火腿者需猪多，可得善价。故养猪人家更多。”他认为，金华火腿是中国腌腊肉制品中的精华。

（三）成熟期：风靡世界的肉食

清代时，金华火腿制作已经遍及金华各地，由于习俗不同，金华所属各县用于称呼“火腿”的别名颇多。

1669年康熙《金华府志》称为“烟蹄”，1681年康熙《东阳县志》称为“熏蹄”，1776年乾隆《浦江县志》和1823年道光《金华县志》均称为“火腿”，1888

年光绪《兰溪县志》称为“兰熏”，1894年光绪《金华县志》称为“熏蹄”。

乾隆年间，赵学敏《本草纲目拾遗》证叙较为详尽——“兰熏”，俗名火腿，出金华者佳。金华六属皆有，唯有东阳，浦江者更佳。其腌腿有冬腿、春腿之分，前腿、后腿之别。冬腿可久留不坏，春腿夏则变味，久则蛆腐难食。又冬腿中独取后腿，以其肉细厚可久藏，前腿未免较逊。最上者曰淡腿，味美清香，可以佐茶，故名“茶腿”。

民国以后，因火腿产地义乌、东阳、浦江、金华、兰溪、永康、武义等县均属金华府，故通称为“金华火腿”，各地工商史料均有记载。民国十八年（1929年）浙江《工商半月刊》第十三期载：“金华火腿之生产地，遍及金华府属各县”。1936年《浙江商务》刊登的“浙江主要特产之鸟瞰”载“金华火腿，遐迩驰名”。

1913年，金华火腿荣获南洋劝业会奖状；1915年获巴拿马万国商品博览会优质一等奖；1929年在杭州西湖商品博览会上又获商品质量特别奖，成了风靡世界的肉食。

据1933年《中国实业志》记载，1931年、1932年金华所属各县的火腿产量分别为81.4万只和69.2万只。抗日战争爆发后，金华火腿产量急剧下降，1940年为40余万只，1942年不足5万只。抗日战争胜利后，金华火腿生产逐渐复苏回升，但1948年也只有19万只，1949年为11.96万只。

（四）鼎盛期：获“中国火腿之乡”称号

建国后，首先在火腿上使用“金华火腿”标识的，是1951年10月创办的金华市金联火腿产销合营处，当时浙江省食品公司还未建立。至1954年10月，该处合办成为首家公私合营火腿厂，定名为“金华火腿厂”，继续使用“金华火腿”的标识。1956年，浙江省人民政府首次授予该厂的“金华火腿”为省优良产品奖。

上世纪50年代初，全市火腿产量为30余万只。上世纪60年代，由于三年自然灾害和文化大革命的影响，年平均产量只有24.89万只。上世纪70年代，年平均产量40.65万只。

建国后，金华火腿曾多次被评为地方和全国优质产品，1981年更荣膺国家优质产品金质奖章。1985年蝉联国家优质食品金质奖章。1988年，金华火腿切片荣获首届中国食品博览会金奖。1995年，金华市获“中国火腿之乡”称号。

上世纪80年代，火腿年平均产量达54.42万只，1989年首次突破年产百万只大关。上世纪90年代以来，金华火腿更是迅速发展，年产量从100万只，增加到200万只，再增加到300万只。

在当代，金华火腿也为美食家所称道，例如美食家蔡澜就把金华火腿列入“死前必吃”的美食清单。

成立于1992年的金字火腿股份有限公司，是金华火腿的代表性企业之一，也是《地理标志产品金华火腿》国家标准主要起草单位、国内首个发酵肉制品标准制订单位，于2010年12月3日成功登陆深交所中小板。公司主要生产“金字”牌金华火腿、火腿小包装系列和腌制熟食系列（软包装）等。

2008年年初，金字火腿股份有限公司开始兴建中国火腿博览馆，作为全方位展现金华火腿的文化底蕴、制作工艺、火腿知识的平台。博览馆总投资达1000万元，占地1500多平方米，并于2009年1月12日正式开馆。

中国火腿博览馆是中国火腿行业第一个博览馆，以丰富的图文与实物，详细介绍了金华火腿的历史人文、生产工艺、商业流通、食用与保存知识，生动展示了金华火腿的“色、香、味、益、形”五大特色，以及金华火腿在中国美食中的应用、世界各国知名火腿、中国其他火腿品牌等内容，兼具知识性、趣味性和互动性。

三、代表性传承人

蒋雪舫，咸丰九年（1859年），其人是东阳县上蒋村作坊主。蒋雪舫的先祖就是腌腿世家。蒋雪舫14岁成孤，即从叔父腌制火腿，18岁自设制腿作坊，所产火腿命名“雪舫”。他艰苦创业，执着探索，既继承祖辈技艺，又自有突破创新。“雪舫蒋腿”皮薄脚细、腿心饱满、精肉细嫩、红似玫瑰、亮若水晶、不咸不淡、香味清醇，堪称金华火腿之极品，畅销杭州、上海、江西、香港等地。清光绪三十一年（1905年），“雪舫蒋腿”由杭州“方裕和”送德国莱比锡博览会参展获奖。民国四年（1915年）又获巴拿马万国商品博览会金奖。“雪舫蒋腿”成为各腿行（店）竞相争购之佳品，经久不衰。民国九年（1920年），与同仁在杭州发起成立东阳腿业公所，为金华火腿赢得国内外声誉，为东阳养猪业和火腿业的发展做出重要贡献。蒋雪舫去世后，他的二子八孙（除长子外）均承腌腿业。

蒋氏后裔善于经营，每届销售季节都在民国报纸上刊登广告，大力宣传“金华火腿出东阳，东阳火腿出上蒋”，广招宾客，名扬四海。嗣后，“上蒋”火腿就成为上等金华火腿的别名。

四、种类与分级

金华火腿腌制工艺精细复杂，在长期实践中形成一整套低温腌制、中温脱水、高温发酵的独特腌制工艺。火腿形状的制作工序就有削、割、修、压、绞、敲、捧、拍等多道，如此使火腿形似竹叶或若琵琶。瘦肉呈玫瑰红色，肥肉晶莹透亮，肥而不腻，口味鲜美。最难能可贵的是，金华火腿在自然温度下，贮存三四年之久仍能保持原有品质。

由于所用原料和加工季节以及腌制方法的不同，金华火腿又有许多不同的品种——按腌制季节分，有重阳至立冬的“早冬腿”，有立冬或小雪至立春的“正冬腿”，有立春至春分的“早春腿”，有春分后腌制的“晚春腿”。

按采用的原料分，有猪后腿加工的“火腿”，有猪前腿加工的“风腿”（又称“方腿”），有削去筋骨的前腿腌制的“月腿”（又称“云蹄”或“蹄跑”）。此外，还有用狗后腿加工的“戌腿”，用野猪后腿加工的“深山腿”（又名“小珍腿”），用猪尾巴加工的“小火腿”。

按加工方法分，有加工工艺和方法独特的“蒋腿”，有用竹叶熏制的“竹叶熏腿”，有先盐后甜酱腌的“酱腿”，有先盐后糖腌的“糖腿”，有出盐水后风干而成的“风冻腿”。

按食用途径分，还可以分为“贡腿”“茶腿”“金腿”“卫生腿”。新创的“火腿心”和火腿小包装产品，及派生的其他火腿为配料的系列食品，更是举不胜举。

金华火腿还建立了品质分级制度，分特级、一级、二级、三级。懂行的人，可以通用插签来判断火腿的优劣。签是竹子做的，像一个锥子一样。一只火腿有三个不同部位，每一签签在不同部位，根据位置的不同分为上中下三签。

特级腿的要求：爪要弯，脚踝要细，腿形要饱满，像一片叶子一样。脂肪的厚度不能超过两厘米，三签都要有很好的香味。一级腿的要求：三签中两签要有很好的香味，但三签中的任何一签都不能有异味。二级腿的要求：不能有异味。三级腿的要求：允许一签有异味。

为了区分，火腿都有用五倍子（中药名）的墨汁打上的印章：特级火腿和一级火腿套红圈，二级火腿套黄圈，三级火腿不套圈。

五、你知道吗

金华火腿风味独特，与一种名为“两头乌”的本地猪种密切相关。

金华“两头乌”，也叫“中国熊猫猪”，被农业部列入《国家级畜禽品种资源保护名录》，是国家级重点保护的地方畜禽品种之一。浙江省一共就两个地方有自己的本地猪品种，一个是金华的两头乌，另一个是嘉兴的黑猪。

金华“两头乌”的毛色遗传性比较稳定，以中间白、两头乌为特征，纯正的毛色在头顶部和臀部为黑皮黑毛，其余多处均为白皮白毛，在黑白交界中，有黑皮白毛呈带状的晕。金华“两头乌”皮薄骨细，肉质鲜美，肉间脂肪含量高，其后腿是腌制火腿的最佳原料，已获国家农产品地理标志认证。举世瞩目的G20杭州峰会上，有一道叫“东坡肉”的历史名菜就取材于金华“两头乌”。

（编写：许　诺）

中华第一鸡：德州扒鸡

项目名称	德州扒鸡制作技艺
项目类别	传统技艺
保护级别	国家级
公布时间	2014年
所属区域	山东省德州市

一、项目简介

德州扒鸡又称德州五香脱骨扒鸡，是著名的德州三宝（扒鸡、西瓜、金丝枣）之一。德州扒鸡是中国山东传统名吃，鲁菜经典。

扒鸡源于明朝，创于清朝，传于民国，盛于当世。其制作工艺在烧鸡、卤鸡和酱鸡的基础上，根据扒肘子、扒牛肉的烹调方法，开创了扒鸡生产工艺，经后人改进，才逐步形成现今为人们津津乐道的五香脱骨扒鸡。

德州扒鸡传承百年，它所代表的早已不是一种食物，在德州这片土地上，扒鸡承载了德州人太多的历史与文化，扒鸡是德州当地老百姓逢年过节必不可少的一道菜，民间好似有了一种无言的默契，现在人们的生活水平较之以往要好上很多，扒鸡在平日里也是可以吃到的。

二、历史渊源

德州扒鸡创始于1692年，以五香脱骨、质高味美驰名中外。300余年来，经过传承与创新，德州扒鸡的制作加工工艺日臻完美，并实现了从传统手工作坊到现代化生产工艺的转变。其发展大致经历了以下几个阶段：

（一）萌发期：浓浓鸡香，飘逸州城

元末明初，随着漕运繁忙，德州成为京都通达九省的御路。经济开始呈现繁荣，市面上出现了烧鸡。挎篮叫卖烧鸡的老人，经常出现在运河码头、水旱驿站和城内官衙附近。这种烧鸡是经过精工细作，有滋有味的烧鸡：其形态侧卧，色红味香，肉嫩可口，作为后来扒鸡的原型，初露头角。随着经济的发展，这时的德州城进入鼎盛时期，已成为中国33个大城市之一。水陆通衢，商贾云集，四乡货物集散于此，出现了“南来北往客如云，饭馆客栈多如林”的局面。烧鸡已不仅仅见于餐桌，而“步”入社会。臂挎提盒叫卖烧鸡者多了，开始是贾姓人家，后来比较有名的是外号叫“徐烧鸡”的徐恩荣家，还有西面张家等等，开门面设店铺者也屡见不鲜。

当然，这时吃烧鸡者还局限于达官贵人、商贾富豪，黎民百姓只能“望鸡兴叹”。但烧鸡的发明者，制作者却是真正的劳动人民。他们为了养家糊口，呕心沥血，惨淡经营，同时也为社会做出了贡献。后来发展了鸡馔，在窄小的家庭作坊里，在古老、粗放的工艺流程中，产生了原始的鸡文化，浓浓鸡香，飘逸州城。

（二）发展期：穿香透骨，口齿留津

康熙三十一年（1692年），在德州城西门外大街，有一个叫贾建才的烧鸡制作艺人，他经营着一间烧鸡铺。因这条街通往运河码头，小买卖还不错。有一天，贾掌柜有急事外出。他就嘱咐小二压好火。哪知道贾掌柜前脚走，小伙计不一会就在锅灶前睡着了，一觉醒来发现煮过了火。正在束手无策时，贾掌柜回来了，试着把鸡捞出拿到店面上去卖。没想这次的鸡竟然香气诱人，吸引了过路行人纷纷驻足购买。客人买了一尝，啧啧称赞：不只是肉烂味香，就连骨头一嚼也是又酥又香，真可谓穿香透骨了。事后贾掌柜潜心研究，改进技艺。这就出现了扒鸡的原始做法，即大火煮，小火焖，用如今的说法就是火候要先武后文，武文有序。

贾家鸡有名了，老主顾建议给鸡起个名字吧。贾掌柜自己也想不出名堂来。过了些日子，忽然想起了临街有个马老秀才，觉得他准能起个好名。于是用荷叶包起两只刚出锅的热气腾腾的鸡，快步走到马秀才家，提出请秀才品鸡起名。马秀才尝了尝鸡，问了问做法，边品边吟，顺口吟出：“热中一抖骨肉分，异香扑鼻竟袭人；惹得老夫伸五指，入口齿馨长留津。”诗成吟罢，脱口而出：“好一个五香脱骨扒鸡呀！”由此，“扒鸡”之名诞生。

次年（1693年），贾建才把扒鸡提到元宵灯会上去卖，销路大开，名声大振。从此，德州城出现了烧鸡、扒鸡同产同销的局面，延续了若干年。

清朝康熙乾隆年间，乾隆皇帝曾多次南巡德州，下榻于少时老师田雯先生的“山姜书屋”，品尝了德州五香脱骨扒鸡，龙颜大悦。从那时起，制作德州扒鸡的手艺人被召进了皇宫御膳房专门侍奉皇帝、百官，德州扒鸡扬名天下。

（三）成熟期：五香脱骨，味透肌里

明朝时，烧鸡多为小贩走街串巷叫卖，而清朝卖扒鸡时就有了固定门面，并且多以户主姓氏为店铺字号，民国时期演变为几家合伙开店。

津浦、德石铁路全线通车后，德州扒鸡销量剧增，其制作工艺更加成熟，并增加了抹料、过油等工序，焖煮的扒鸡色鲜味美，熟烂脱骨，独有风味，扒鸡年产量达到30万只。

此时，扒鸡店铺大多集中于火车站广场前，出现了铺靠铺，摊连摊，星罗棋布。从街上走过，香气扑鼻，引人垂涎。这个时期的扒鸡传人，主要代表人物是

“宝兰斋”扒鸡铺的侯宝庆和“德顺斋”扒鸡铺的韩世功，以及张、崔、端木五家（均为德州本城人），他们沿袭了贾、徐两家的制作要点。

韩世功是一位不善言谈，致思于加工技艺的买卖人。他在实践中摸索和总结了前辈制作烧鸡、扒鸡的经验，改进了工艺，增加了配料，又在鸡的洗理和烹炸上，特别是焖煮上下了一番功夫。起初，他亲自上阵，后与吴庆海、崔金禄合作开了一个扒鸡铺，即“德顺斋”。再往后，与张金堂、张金贵、端木兆荣办了个四合店“中心斋”，几人合作，切磋技艺，摒弃烧鸡，专攻扒鸡，为扒鸡技艺的进一步发展奠定了坚实的基础，起到了承前启后的作用。

这时，由于火车四通八达，销路扩至东北、中原和华南地区，全年销量达到30万只。彼时的扒鸡已是五香脱骨，色、香、味、形、器，都已走上求美、求新、求高的道路。德州扒鸡的名声，已在中华大地上叫响，凡乘车路过德州者，必然下车买上一只或一蒲包扒鸡，带回家与家人分享，或馈赠亲友。

上世纪40年代，老舍先生购买德州扒鸡后，见其貌不惊人，但食后味透肌里，又见其颜色棕红，有铁骨铮铮之状，戏称其为“铁公鸡”。

（四）鼎盛期：大展风采，物馨声远

“雄鸡一唱天下白”，中华人民共和国成立了，也给扒鸡行业带来了新生。扒鸡铺发展到30多家，年销扒鸡40多万只。其先后出现了“德顺斋”“宝兰斋”“盛兰斋”“福顺斋”“中心斋”等店铺字号。建国初期，扒鸡行业走上了合作化道路。由20多位扒鸡传人组成德州扒鸡联营社，后又建立起站台售卖部，在车站内专营扒鸡。

1956年，扒鸡传人随同食品行业“一步登天”，走进了国营企业（中国食品公司德州市公司）的大门，他们也把技艺带进了企业。企业领导很器重这批各有所长、技艺精湛的德州扒鸡传人。传人们互献绝技，将百家技艺之长汇于一身，使这一正宗产品在国营食品公司的重视和保护下不断发扬光大。同年首都北京举行了建国后的首次“全国食品展评会”，德州五香脱骨扒鸡在会上大展风采。

世居德州的扒鸡传人、企业扒鸡技师张树林和崔长青，在现场大展身手，倾尽艺道。一只只形美色鲜、香味扑鼻的扒鸡，展现在人们面前，色泽黄里透红，引得现场观众食指大动。一经品尝，那味道妙不可言。新闻界、美食界赞誉德州扒鸡为“中华第一鸡”。物馨声远，“德州扒鸡天下第一”的赞誉也由此而起。

三、特色工艺

经年循环老汤：汤比金贵，老汤愈久，汤汁愈鲜愈浓。经年老汤的养护十分考究，文火煲就，火大则汤不清，火小则鲜不足。清汤、凉汤、养汤程序严格有序。

16味香辛料：德州扒鸡，遵循中医调和理论，精选白芷、砂仁等八种药材。同时甄选桂皮、香叶等八味香辛料，遵古法境界，相容相合，香气入骨，荡尽齿颊，通体舒泰。

扒：将整鸡摆成鸭浮水面造型，全身涂抹蜂蜜，素油烹炸上色，然后把鸡同配好的香辛料包一同浸入盛有老汤的锅中，先用大火将汤煮沸，以确保老汤中的营养不流失，再用小火焖煮6~8小时，促进料香与肉香的完全融合，直至出锅。德州扒鸡的制作完全符合烹饪中“扒”的工艺，一是食材完整；二是过油上色；三是采用老汤；四是大火煮、小火焖，文武有序；五是成品完整美观，形若鸭浮水面，口衔羽翎。

四、你知道吗

德州西关即现在的桥口街，古时候这里是运河码头，系德州客货运输的集散地。这里人流如水，货物堆积如山，河里百舸争流，岸上热闹非凡。

西关有一家娘俩开的小扒鸡铺，每天就做十几只鸡。娘俩饿不着，也撑不着。儿子贾福身强力壮，且特别孝顺，他总是累活抢着干，把好吃的留给母亲。

虽然，贾福百般细致地照顾母亲，可随着年龄的增长，母亲体质越来越差，最后，还是病得卧床不起了。生意和照顾母亲的两副担子，就全部落到了贾福一人身上。

这一天贾福卖完扒鸡，随即请来大夫给母亲看病，等看完病、开完药方，等送走了大夫，他再给母亲吃饭、洗脚等，等伺候母亲睡下后，时间就很晚了。为了明早不耽误给母亲喂药，他想多做几只鸡。就不顾已是深更半夜的时分，要去“颐寿药铺”给母亲抓药。去“颐寿药铺”要路过“九达天衢”牌坊，去时一路无事。

天色已晚，人家药铺早就上了锁，他给人家说了很多好话，花费了很长时间，才把药抓回来。当他再次路过牌坊时，东北角那块趴石蛤蟆的石座上飞起一只鸡，落到了他的肩上，无论他怎么赶，那只鸡就是不离开他的肩膀。

贾福在牌坊下，费了好大的劲，也没赶走这只鸡。最后贾福想，“反正鸡的主人家离这里不远，明天我提着它，到这里找它的主人吧。”这只鸡就站在他肩上随其回了家。

说来也怪，到家后这只鸡就从他的肩上飞了下来，落在院子里不动了。贾福将药包放在小桌子上，就去点炉子准备给母亲煎药。哪知他一回身，这只鸡就飞上小桌子，将药包抓破，吃了起来。而且，它还挑食，专找那些有营养的草药吃，什么红花、砂仁、豆蔻、丁香、白芷、陈皮等，一会功夫，三副药里的主药就都给吃光了。

这时，贾福搬着炉子回到院子里，一看药被这只鸡吃了，大声断喝：“我怎么得罪你啦，你这么糟践我，我非砸死你不可。”可这只鸡雄赳赳地站在那里，不理他，也不跑，他就更生气了。拿起宰鸡的刀，将其宰了。

药没法煎了，他只好先去做扒鸡，这只鸡也就成了他的原料。洗鸡、装锅生火，按部就班完成了熟悉的工作程序后，焖上火。临近天明，累了一夜的他靠在炉火旁睡着了。

这时，一个面目慈祥的白胡子老头向他走来，贾福忙站起来迎上去问好。老者笑着对他说：“我知你是个孝子，已治好了你娘的病，今后你要好好孝顺你娘。为此，我送给你一只鸡，保你今后生意兴隆；再娶个媳妇好好过日子吧。”

贾福听后深施一礼并说：“谢谢老先生。”当他抬起头来时，老者不见了，正在疑惑时，就听娘说：“福儿，是不是鸡熟了？今天怎么这么香！”

一句话吵醒了贾福，他揉了揉眼站起来，一看母亲从屋里走了出来，喜得他一蹦老高，立即走到母亲面前问长问短。知母亲的病确实好了，就将刚才做的梦，如实讲给母亲听。

母亲听后对儿子说，这是神仙来给咱家送福了，娘俩立即跪倒在地，对着苍天叩拜，并表示谢意。

这时，听见有人叩门说要买鸡，贾福开门见是一过路的商人，商人说他是出来买早点的，在此路过闻见院里香飘四溢，才叩门进来买鸡的。贾福说：“先生稍等，我立即给你去取。”说着走到煮鸡的锅旁掀开了锅盖。这一掀盖不要紧，香气扑面而来，顿时飘出了小院，溢满四邻八舍和街道。

过路的商人买了两只鸡，准备拿回住处吃。可扒鸡的香味馋得他忘了斯文，边走边吃了起来。他这么一吃却引来路人问津，“你在哪里买的”。商人回头一指，继续吃他的鸡。不一会儿，贾家的院里就挤满了人。贾福所做的十几只鸡，眨眼就卖完了。

第二天，贾福试着做了二十只，仍被抢购一空。天天如此，不仅不用再到码头上去叫卖了，还出现了预订的事。无奈贾福添置了大锅，每天做五十余只，可仍是供不应求。贾家的扒鸡销路大开，名声大振。

有一吃客听说后，不远千里特意来品尝，他吃完扒鸡后诗兴大发，在其墙上留诗一首：“轻轻一抖骨肉分，齿唇留香不腻嘴。何以垂涎三尺短，西关扒鸡美食魁。”

（编写：泰　兴）

宫廷仿膳：不一般的享受

项目名称	仿膳（清廷御膳）制作技艺
项目类别	传统技艺
保护级别	国家级
公布时间	2011年
所属区域	北京市

一、项目简介

仿膳就是仿照“御膳房”的做法来制作各种菜点，选料精美，制作精细，色型美观，口味清淡，清鲜酥嫩。

在清朝260余年历史中，随着社会和经济的发展，清宫御膳的原料，在不同时期是有变化的。康熙之前，由于入关不久，还基本保持东北的饮食习惯，烹饪原料大体上由北京、东北等地供应。

乾隆以后，宫膳原料有了明显的变化，西北、新疆和南方的膳食贡品增加很多。南方的膳食贡品，为清宫御膳增加了很多新内容，这与乾隆喜食南味有关。

90多年来，北京仿膳饭庄始终保持宫廷风味的特色。为了不断挖掘开发宫廷名菜，派人多次前往故宫博物院，在浩繁的御膳档案中，通过不断挖掘和整理，共推出清廷御膳菜肴800余种。其中凤尾鱼翅、金蟾玉鲍、一品官燕、油攒大虾、宫门献鱼等最有特色，名点有豌豆黄、芸豆卷、小窝头、肉末烧饼等。最能代表宫廷菜肴特色的当属“满汉全席”。

二、历史渊源

为皇帝提供的饮食，称为御膳。清朝皇帝进膳，除宴会以外，都是单独摆桌，菜、汤都各有碗盖，临用时才打开，制作饮食，各有专门机构。御膳所用的材料，包括山珍、野味，极尽名贵，烹调方式，揉合满汉，南北皆备，可说是集中了全国的名菜精华。皇帝菜谱除了色、香、味都讲究之外，还有一个特色，就是每一道菜，都有一个如意吉祥或者独特的名字，例如玉凤还朝、龙舟鱼、凤凰趴窝、清汤万年青、龙井竹荪汤、金丝卷等等。

（一）萌发期：仿膳饭店，吃皇帝“遗产”

清朝时，皇帝的厨房雅称御膳房，不仅要满足皇帝本人的一日三餐，逢年过节还常常大摆满汉全席，赐宴文武百官，以显示皇恩浩荡。御膳房堪称当时中国最高级的大食堂。那里面制作的美点佳肴，在老百姓的心目中近似传奇。为了迎合人们的这种好奇心，1925年，仿膳饭店在北海公园北岸开张。那一年，清王朝覆亡、御膳房解散已有14个年头。

经营者是原在清宫御膳房当差的赵仁斋和他儿子赵炳南。他们邀请原御膳房的厨工孙绍然、王玉山、赵承寿等人，在北海公园北岸开设茶社，取名“仿膳”，意为仿照御膳房的制作方法烹制菜点。经营的品种主要是清宫糕点小吃及风味菜肴，保持了“御膳”特色，深受食客欢迎。

之所以仿照御膳又不直称“御膳”，是因为当时清朝皇帝刚刚被推翻，对于皇帝的专用词语仍不敢随便使用。仿膳经营的主要菜点品种有抓炒鱼片、抓炒里脊、豌豆黄、芸豆卷、小窝头、肉末烧饼等。开始以这种方式吃皇帝的“遗产”，居然一下子就火了起来。有条件的食客，都想进去品尝皇家的菜系，骨子里恐怕还是为了模仿一番当皇帝的感觉。仿膳，可以说是最具诱惑力也最受欢迎的“假冒”产品了。

（二）发展期：漪澜堂，体验“皇家待遇”

1956年，仿膳茶社更名为“仿膳饭庄”。1959年，仿膳饭庄由北海公园北岸迁至琼岛漪澜堂、道宁斋一带，成为公园内特殊的一景，这里风景如画，在此用餐别有一番情趣。

漪澜堂，又曾是乾隆皇帝赐宴文臣之处。在漪澜堂吃仿膳，感觉离皇帝又近了一步。这家老字号的牌匾，是由老舍题写的。

1966—1977年，北海公园停止开放，仿膳也停止营业。1978年，北海公园重新开放。仿膳饭庄也恢复了对外营业。为了弘扬皇家饮食文化，仿膳饭庄对满汉全席的服务接待程序进行了丰富创新，让宾客享受在别处体验不到的“皇家待遇”。

十一届三中全会后，仿膳饭庄重整旗鼓，在原有的基础上，再创新菜肴七八百种。溥杰先生为5个宴会厅书写了匾额：“飞觞”“清漪”“醉月”“烟岚”“芙蓉”。

仿膳饭庄由三个庭院组成，共有大小餐厅15间，餐位500个。厅内装饰均以龙凤为主题，饰以大型彩绘宫灯，配以明黄色台布、餐巾、椅套，餐具采用标有“万寿无疆”字样的仿清宫瓷器或银器，陈设古朴典雅，宫廷特色浓郁。

隆重的服务礼仪从北海的长廊就开始了，身着满族服饰的女服务员打着灯笼迎接客人。客人还可以穿上龙袍，过把“皇帝瘾”，更增添身临其境之感。客人入座后，要上小毛巾净面、净手，由乐师奏古乐伴宴。宴席间，服务员会将名菜、名点的精美典故以及亭台楼廊、匾额字画的传奇来历娓娓道来。

日本西尾忠久先生在其所著《世界的名店》一书中介绍了世界80家名店，其中就有我国的“仿膳饭庄”和“荣宝斋”。他写道，在北京，北海公园的仿膳饭庄，可以说是清朝宫廷风味的再现。

（三）成熟期：清御膳，发扬且光大

为了使仿膳饭庄成为北京原汁原味的宫廷菜和享受正宗皇家文化的首选餐饮品牌，仿膳饭庄在秉承传统宫廷菜肴同时，在原有菜品的基础上，根据当今食客口味进行了创新和改良。仿膳着手调研北京四九城内当时打出“御膳”名义的餐厅的菜品质量，并在“摸底”的基础上，精选最具代表性的菜品重新包装全新登场。

仿膳饭庄再现皇家寿宴礼仪片段“群臣朝贺”“敬献奶茶”“清廷御膳”的制作技艺场景和宫廷菜品，豌豆黄、芸豆卷、松鹤延年，还有象征四季平安的梅兰竹菊彩拼等经典菜品，配合描龙绣凤、富丽堂皇的陈设，明黄色的仿清宫瓷器及金器餐具，以及喜幛、天地桌等婚宴装点，尽显宫廷御膳的华丽考究，突出了浓郁的宫廷宴会特色。

满汉全席汇集了满汉菜点之精华，选用名贵原材料，采用满族的烧烤与汉族的炖焖煮等技法，汇南北风味之精粹。它具有礼仪隆重、用料华贵、菜点繁多、技艺精湛等特点，是历史上最著名的中华大宴。为使满汉全席更接近历史原貌，在《扬州画舫录》一书中找到迄今最完整记载满汉全席的膳单，并据此在国内首推兼具浓郁江南风味和鲜明宫廷特色的满汉全席，将清廷御膳发扬光大。

然而，保留完整的满汉全席包括134道热菜、48道冷荤及各种点心、果品，通常分四至六餐食完，全部吃下来大约需要3天。这样的奢侈消费，在当下很不实际。不是说人们的钱袋子不能满足消费，而是人们对时间的付出更吝啬，对肠胃的健康更关注。试想，身处国际大都市快节奏的生活环境下，谁能腾出三天的空暇专门为了尝一下满汉全席的全套大菜？因此，为满足宾客需要，特地推出满汉全席精选套餐，吃一餐就可领略满汉全席的精美特色。

仿膳饭庄还将申遗与日常经营相结合，不断挖掘开发宫廷食品，结合现代人的饮食口味特点，开发出宫廷月饼、汤圆、糕点等宫廷节令食品；同时挖掘整理节令特色菜肴品种。

（四）鼎盛期：平民化，贴近老百姓

2005年，首旅集团、新燕莎集团和全聚德集团联合重组，仿膳饭庄划归全聚德集团。作为现代餐饮市场一分子，仿膳的“清廷御膳”制作技艺不仅入选“非遗”，而且其在烹饪方法、出品质量、食品安全等方面，早已与现代标准接轨。

仿膳饭庄以经营宫廷风味而闻名。不过，仿膳厨师的高超技艺可不仅仅用于烹饪满汉宫廷大菜。仿膳饭庄面对的是广大民众，一直沿袭着对外开放的路数。近几年来，通过增设茶点餐厅、推出外卖窗口、主打婚宴寿宴等一系列新举措，这家以满汉全席而闻名遐迩的传统宫廷饭庄也走进了平民百姓心中。

如今，游客在仿膳饭庄门口，既能买到现场制售的豌豆黄、芸豆卷、小窝头、肉末烧饼等昔日宫廷御点，还可以买到大厨制作的包子、酱肘子、酱猪蹄和酱鸭头、酱鸭脖等食品。

为了贴近百姓，仿膳饭庄还取消了过去单间的最低消费，并开设零点餐厅，以服务不同消费水准的顾客；针对旅游团队，还特别推出优惠团队餐；运气好的消费者还能时常通过网络，以更实惠的价格买到仿膳饭庄推出的团购套餐。

无论是传统的婚宴、温馨的寿宴还是快乐的百日宴，精致讲究的菜肴是仿膳饭庄为宾客带来的实惠体验。

三、代表性菜肴

肉末烧饼：不可不吃的一道点心。烧饼棋子大小，用手掰开，饼中一舌尖面团，用勺剜去，填以炒好的肉末，饼热肉香，酱味浓郁，微甜微咸，且有淡淡的荸荠的清爽和香脆。

燕尾桃花虾：酸甜微辣的一道女士菜。一拃长的明虾，做得好吃不容易。嫩时，虾肉透明，不熟。熟了，虾肉已干，犹如嚼蜡。做的即熟且嫩，火候最是关键。在仿膳，如此大的明虾，却做得恰到好处。虾尾翘展，犹如燕尾，芡汁粉红，恰似桃花，从品相看也绝对称得上漂亮。

菊花鳜鱼：纯正酸甜的一味佳肴。鱼非整条，而是分段，再用以花刀，翻卷的炸出菊花形状来，一朵一朵“盛开”，淋上芡汁，鱼肉金黄，芡汁红亮。口感酥脆，且无面粉塑型的干硬，肉嫩香甜，食得此味，苏州得月楼的松鼠鳜鱼不吃也罢了。

柴把鱼翅：一道真正的宫廷菜肴。将鱼翅高汤煨过后捞出，规拢整齐，配以胡萝卜黄瓜条，再用香菇条捆成柴火状，盛上盘来，淋上高汤亮汁上桌。

烤鹿肉：满族人马背生活的传统菜。如今却是中餐西吃的做法，很有法式牛排的感觉。粉彩明黄寿字盘盛来，却是亮晃晃的刀叉齐备。鹿肉烤得很嫩，味道咸鲜。

抓炒鱼片：按照清宫御膳房的抓炒技法而烹制出的一道名菜。关于此，还有一个故事。据说，有一次慈禧太后用膳时，在面前的许多道菜里，独独挑中一盘金黄油亮的炒鱼片，觉分外好吃。她把御膳厨王玉山叫到跟前，问他叫什么菜，王玉山急中生智，答曰“抓炒鱼片”。从此“抓炒鱼片”一菜便成为御膳必备之菜。

四、你知道吗

有一年，八国联军打到北京，慈禧带着一帮人狼狈往西逃，一连逃了好几天。这时，带出的干粮已经吃完。那年头，兵荒马乱，到处闹鬼子，慈禧吓得也不敢停车向官府要粮，只是一个劲儿地逃。快到西安了，慈禧实在饿得不行了，只好下令停车，要手下人去找吃的。手下人心想，太后吃惯了山珍海味，如今在这荒郊野岭，到哪儿去找这些东西？想到这儿，他们只是哼哼哈哈的，不见举动。慈禧一见，火了："你们这帮奴才，存心想饿死我啊？"一个手下人说："老佛爷息怒，奴才不是不肯去找，可这地方前无村后无店，到哪儿去找呢？"

这时，慈禧突然发现不远的地方有一群逃难的人，正坐着吃着什么。于是，她就说："你看。"手下人跑过去一看，只见那些逃难的人正在啃窝窝头，那一个窝窝头足有四五两重。手下人没有理会，就来禀报。慈禧从来没听说过什么窝窝头，也没见过，心里好奇，就走了过去，看见那窝窝头黄橙橙的，那些人啃起来可香了，就指着问一个老头："这好吃吗？"老头回头说："好吃！"慈禧听了，感到肚子更饿了，就说："你能给我一个吃吃吗?"那老头倒也爽快，就递上一个。慈禧接过，狠狠地咬了一口，觉得太好吃了，两三口就把一个窝窝头吃完了。

过了一些日子，她带着皇帝、皇后、妃子们又耀武扬威地从西安回到北京。不久，她想起了吃窝窝头的事，就下令御膳房照做窝窝头。可是，窝窝头送来了，她咬一口，咂巴咂巴，感到太不是滋味了，一怒之下，就杀了几个厨工。这下子，可吓坏了其他厨工。于是，大家凑在一起出主意想办法。有的说："老佛爷逃难，肚子饿了，有窝窝头，当然觉得好吃，可现在再吃窝窝头，她能咽得下去吗？"也有的说："对啊！我们得想个办法，做得既要像窝窝头，又要香甜可口。"大家一听，这话有理，可怎么做呢？心里还是没底。

这时，有位老厨工灵机一动，想出了一个主意，他说："咱们用栗子面加白糖做一两一个的小窝窝头，试试她爱不爱吃?"大家一听，这是个办法，就都同意了。栗子面加白糖做出来的窝窝头，不仅样子像，而且味道也挺好，送给慈禧一吃。慈禧很高兴，说："我总算又吃到当年逃难时的窝窝头，就是还不够那么香、那么甜。"这消息传到了御膳房，大家才松了口气，都说："这才叫'饿了吃糠甜如蜜，饱了吃蜜蜜不甜'啊！"

从此以后，御膳房的名声就更响了。

（编写：王　静）

第二章 酒·茶

中华瑰宝：国酒茅台

项目名称	茅台酒酿制技艺
项目类别	传统手工技艺
保护级别	国家级
公布时间	2006年
所属区域	贵州省

一、项目简介

茅台酒是世界三大名酒之一，是我国白酒生产的典型代表，中国大曲酱香型酒的鼻祖，深受世人的喜爱，被誉为国酒、礼品酒、外交酒。它具有酱香突出、幽雅细腻、酒体醇厚丰满、回味悠长、空杯留香持久的特点。其优秀品质和独特风格是其他白酒无法比拟的，在中国酒文化中占据极为重要的地位。

茅台酒，酒度达53度，产于贵州仁怀县茅台镇。用当地优质高粱为原料，高山深涧的井水为酿造水，操作工艺独特，酒色纯净透明，入口馥郁，余香绵绵，黔省称第一，神州占榜首。

二、历史渊源

黔北一带，水质优良，气候宜人，当地人善于酿酒，人们习以为常称为酒乡。而酒乡中又以仁怀县茅台村酿成的酒最为甘洌，谓之“茅台烧”或“茅台春”。由于酒质绝佳，闻名遐迩，世人皆知茅台村出产美酒，他处难以仿制，故只要提及酒就必说茅台村的酒最好，久而久之就茅台地名简称“茅台酒”“茅酒”，所以茅台酒是以产地而得名。

（一）萌发期：首创“回沙”工艺

茅台地区酿酒历史可追溯至东汉。距今两千多年前的汉武帝时期，茅台当地就能酿酒，史称枸酱酒。汉使唐蒙出使夜郎路过今天的二郎时，僚人便用自酿的“枸酱酒”来招待他。唐蒙把“枸酱酒”带回长安，令汉武帝大加赞赏，从此钦定其为岁岁来朝的贡酒。枸酱就是当地的拐枣，也叫鸡爪子，学名叫枳椇，果实外皮比较青涩，而果肉比较甜。汉武帝喝的其实是低度果酒。

在中国的酿酒史上，真正完整用食粮经制曲酿造的白酒始于唐宋。而赤水河畔茅台一带所产的大曲酒，就已经成为朝廷贡品。至元、明期间，不少酿酒作坊就已经在茅台镇杨柳湾陆续兴建，值得注意的是，茅台当时的酿酒技巧已首创了独具特点的“回沙”工艺。

（二）发展期：家酿渐露头角

贵州茅台酒在清代兴旺起来，乾隆年间贵州总督张广泗向朝廷奏请开修疏浚赤水河道以便川盐入黔，促使茅台酿酒业更加兴旺，到嘉庆、道光年间，茅台镇上专门酿制回沙酱香茅台酒的烧房已有20余家，其时最著名的当数“偈盛酒号”和“大和烧房”。到1840年，茅台地域白酒的产量已达170余吨，创下中国酿酒史上首屈一指的生产范围，“家唯储酒卖，船只载盐多”成为那个时代茅台忙碌气象的历史写照。

清朝时运销食盐至贵州的商人，大多为山西人、陕西人，赤水河畔的茅台是食盐的转运站，当时人的诗句“蜀盐走贵州，秦商举茅台”，便是这种情况的具体写照。这些“秦商”腰缠万贯，习尚奢靡，终日宴乐。他们远在贵州，经常怀念山西的汾酒，为了满足这一需要，他们特地从山西雇来工人，与当地的酿造者共同研究制造专供他们享用的美酒。

到了道光年间，这种家酿渐露头角。此时，酿造酒的烧房已发展到数十家，当时茅台酒的独特工艺已成熟。清咸丰四年（1854年），吴振棫《黔语》中写道：“南酒道远价高，至不易得，寻常沽贯皆烧春也。茅台村隶仁怀县，滨河土人善酿，名茅台春，极清冽……”

清咸丰初年，黔北一带杨龙喜起义，茅台镇几十家酒坊皆毁于兵燹，茅台酒生产一度中断。同治元年（1862年），贵州盐商华联辉在茅台镇购得酒坊旧址，重新开办酒坊，名“成裕酒房”，茅台酒生产才逐渐恢复。光绪五年（1879年）“荣太和烧房”开办。民国18年（1929年）“恒兴烧房”开办，另外一些酿酒作坊也相继开办，茅台镇的酿酒业得到发展。至明末清初，仁怀地域的酿酒业已呈现“村村有作坊”的局面。

在此期间，茅台地域独步天下的回沙酱香型白酒已臻成型。康熙四十二年（1704年），茅台白酒的品牌开端涌现。1862年华联辉创办“成义烧坊”，所酿茅酒人称“华茅”；1879年王立夫等三人合资创办“荣和烧坊”，所酿茅酒人称“王茅”；1929年周秉衡投资兴建“衡昌烧坊”。以“回沙茅台”“茅春”“茅台烧春”为标记的一批茅台佳酿，成为贵州白酒的精品，远销外地。

（三）成熟期：扬名国际市场

1938年，周秉衡因倒卖鸦片破产，赖永初收购了“衡昌烧坊”，更名为“恒兴烧坊”，1947年“恒兴烧坊”生产的酒定名为“赖茅”。

1915年，美国在加利福尼亚的旧金山市举办巴拿马国际博览会。贵州省以“茅台造酒公司”的名义，推荐了“成义”“荣和”两家作坊的茅台酒样酒参展。

1915年3月9日，中国馆正式开幕后，巴拿马博览会逐步进入高潮。当时，以农业产品为主力的中国展品，一开始是没有多少吸引力的，每日参观者不是很多。茅台酒更是装在一种深褐色的陶罐中，包装本身就较为简陋土气，几乎无人问津，展台前门可罗雀，我国代表急中生智，拿起一瓶茅台酒佯装失手，酒瓶“嘭”的破在地上，陶罐一破，茅台酒顿时酒香四溢，优雅细腻的酱香弥漫了整个会场。

茅台酒以酒香为媒，产生了轰动，吸引了大量看客，不仅自身为公众所认识，成了众多展品中的明星，而且为中国整个农业展品招徕了众多的参观者，大大增强了人们对中国展品的认识和了解。

在博览会所设的6个奖项4个等级中，酒类金奖仅为5项。由于茅台酒在农业馆展出的过程中，已经通过“酒香为媒”的轰动效应，成为博览会上的明星，直接由高级评审委员会授予荣誉勋章金奖。因此，在所有荣获金奖的中国名酒中，也只有茅台酒才能独享“世界名酒”（World Famous Liquor）的美誉。

1916年，美国南加州又在风景如画的海滨城市圣迭戈召开了一次“巴拿马加州万国博览会”，茅台酒再次荣获“金奖”，并与法国科涅克白兰地、英国苏格兰威士忌被公认为世界三大（蒸馏）名酒。以毫无争议的姿态冠压群芳，步入世界名酒之林。

消息传来，茅台酒一时身价百倍，于是很快就成为贵州及全国各地商贩争相抢购的对象，也成了资本家和官僚争相投资的对象。

（四）鼎盛期：成为国酒茅台

1949年，茅台酒生产凋敝，仅存“成义烧房”“荣和烧房”“恒兴烧房”三家私人酒坊，道光年间酒坊不下二十家的繁荣局面早已不再，茅台酒的生产到了破产的边缘。1949年年末，贵州刚一解放，中央就来电，请求贵州省委、仁怀县委要准确履行党的工商业政策，保护好茅台酒厂的生产装备，持续进行生产。贵州省依据中央的指导，对成义、荣和、恒兴三家烧房在经济上给予有力支撑，助其发展。

1952年9月，中国有史以来的全国第一届评酒会在北京举行。周恩来总理不仅批准举行评酒会，而且再三叮嘱，要认真组织，严格把关，评出好酒。评酒会由中国专卖事业总公司主持，全国各地送来了上万种参评样酒。评酒会正式开会前，已筛选出103种酒样供评酒会品评。来自全国的酿造专家、评酒专家及学者认真品评，最终选出并命名了中国八大名酒，茅台酒名列榜首，理所当然成为中国的国酒。

1953年，贵州省对三家烧房进行收归国有，成立了国营茅台酒厂。这些烧坊里的资深酒师，则成为了这家新酒厂的技术骨干，把酿酒工艺带了过去。

1953年，茅台酒开始通过香港、澳门转口销往国际市场，经过30余年的建设，1987年，其年产量已达1700吨，出口已遍及世界150多个国家和地区，年创外汇1000多万美元，成为中国出口量最大、所及国家最多、吨酒创汇率最高的传统白酒类商品。尤其是从1978年起，由于改革开放带来的市场利好，茅台酒厂生产量与销售额逐年上升，开始了良性发展。到20世纪90年代末，茅台酒连续14次荣获国际金奖。

英国《金融时报》发布2008年全球上市公司500强企业排行榜——国酒茅台榜上有名，列全球500强企业排行榜第363位，在全球饮料行业排名第九位。这也是中国饮料行业唯一上榜的企业。

2012年，贵州茅台申请“国酒茅台”商标获得通过，成为“国酒茅台”。

茅台，作为中国的国酒，对外交往的国礼酒，它代表着中华民族悠久的历史和深厚的文化。新中国成立后，用茅台来招待国内外贵宾几乎已成惯例。

毛泽东第一次赴苏联赠送给斯大林的礼品之一就是茅台酒；日内瓦会议，新中国外交战线取得第一次胜利，周恩来说茅台酒功不可没；尼克松首次访华，打破中美关系坚冰，与周恩来开怀畅饮的是茅台酒；中日邦交正常化之后，田中角荣回国带给女儿的贵重礼物是周恩来送的茅台酒；中英香港问题谈判结束后，邓小平与撒切尔夫人举杯共饮的是茅台……

三、你知道吗

很久很久以前，赤水河畔的茅台村，才十几户人家。一家富人，三间大瓦房，坐落在河畔的高处，特显眼；其余都是穷人，住的是茅草棚，分布在河边。居住在这里的人们，都有酿酒的习惯。可那时，不管富人也好，穷人也好，酿酒的技术都很平常。

有一年腊月，四季气候温和的茅台村，破天荒地下了一场大雪。雪花纷纷扬扬，从晚上下到天明，从早晨下到黄昏，还没有一点停住的意思。这时，风雪中，一个衣衫褴褛的姑娘蓬头赤足，手里拄着一根木棍，从山上下来，跌跌撞撞向茅台村走来。

她沿着从山腰伸向河边的石板路，径直向那片茅屋走去。在一间茅屋檐下，她停住了。屋里一个白胡子老头正在用篾条箍酒甑，灶门前，有个老婆婆在生火。姑娘便迎了上去：“老人家，行行好。”

老头抬起头来，见一个穿得破破烂烂的姑娘立在门口，怪可怜的，便说：“外面风雪大，快进屋里！”

姑娘走进屋里，老头将她带到灶门前，吩咐老伴将火再生大一点，让姑娘在火边坐下，自己便进房间里，把剩下的一点酒倒出来，盛在碗里递给姑娘：“先喝口酒暖和暖和吧！”

老婆婆刷锅弄碗，打算炒饭给她吃。姑娘站起身来，连忙制止，做出要走的样子。老头忙说："天已经黑了，外面又冷，哪去？"

姑娘说："没个家，走到哪里算哪里。"

老婆婆丢下手中的刷把，走上前来拉住姑娘的手说："我们都是穷人，讲啥客气，恰好我闺女到她舅舅家去了，你就在她屋里住下吧！"说着，把姑娘带进自己女儿的房间里。

不一会，老婆婆也睡了。白胡子老头继续箍酒甑。箍着箍着，不知不觉地依着酒甑，昏昏沉沉进入了梦乡。他恍恍惚惚地看见一个仙女，头带五凤朝阳挂珠冠，身穿缕金盲蝶花绸袄，下着翡翠装饰百褶裙，脖上挂着赤金项链，肩披两条大红飘带，袅袅婷婷，立于五彩霞光中。只见她手捧夜光杯，将杯里的琼浆玉液向着茅台村一洒，顿时出现了一条清清的溪流，从半山腰直泻而下，注入赤水河中。忽地，仙女手中的夜光杯又不见了，手里捏着一根木棍。她用木棍在富人的三间大瓦房和那片茅屋之间的溪流中，划了一下，便消失了。随即，老头的耳边响起了一个熟悉的声音："就用这条小溪的水酿酒吧。快，水进屋了！"

白胡子老头一惊，睁开眼，已是天亮。他忙进自己女儿房中，姑娘不见了，一切依旧。大门也关得好好的。这时，他老伴也起床了："老头子，你说怪不怪，昨晚我梦见一个仙女……"

老头二话不说，忙开大门一看，只见东方朝霞万里，一轮红日冉冉升起。村边出现了一条清清的溪流。

老头兴冲冲地拿着水瓢，提起水桶，在小溪里舀了一桶，将这水用来酿酒。不几天，酒酿出来了。一品尝，色香味俱佳，真是绝色天香。老头把穷哥们都找来，你尝一口，我尝一口，大家连声赞叹："好酒！好酒！"

从此，茅台村的人们就用这条溪流的水酿酒。说来也怪，富人家酿的酒，质量越来越差，好像放了醋一样，坛坛都是酸溜溜的，不久便衰败下去了。穷人们酿的酒，质量越来越好；清彻透明，芳香扑鼻，味醇回甜。至此，酒业大兴，许多达商巨贾慕名而来，争买这里的酒，并运往各地销售。

后来，茅台村的人们为了怀念这位"仙女"，便将"仙女捧杯"作为茅台酒的注册商标，并特意在瓶颈上系两条红绸带子，以象征仙女披在肩上的那两条红飘带。

（编写：沈源琼）

“红茶皇后”：祁门红茶

项目名称	祁门红茶制作技艺
项目类别	传统技艺
保护级别	国家级
公布时间	2008年
所属区域	安徽省祁门县

一、项目简介

祁门红茶（简称祁红），是我国传统红茶的珍品，有百余年的生产历史，主产于安徽省祁门县一带。祁红外形条索紧细匀整，锋苗秀丽，色泽乌润(俗称“宝光”)；内质清芳并带有蜜糖香味，上品茶更蕴含兰花香(号称“祁门香”)，馥郁持久；汤色红艳明亮，滋味甘鲜醇厚，叶底(泡过的茶渣)红亮。清饮最能品味祁红的隽永香气，即使添加鲜奶亦不失其香醇。祁红采制工艺精细，采摘一芽二、三叶的芽叶作原料，经过萎凋、揉捻、发酵，使芽叶由绿色变成紫铜红，香气透发，然后进行文火烘焙至干。

据历史记载，清光绪以前，祁门只生产绿茶，称为“安绿”。光绪元年（1875年），黟县人余干臣从福建罢官回籍经商，设立茶庄，仿照“闽红”制法试制红茶。1876年，余干臣来到祁门，扩大生产收购。由于茶价高、销路好，人们纷纷相应改制，逐渐形成“祁门红茶”。由于祁门环境优越，茶叶品质好，并逐年提高制茶技艺，不久，“祁红”竟与当时著名的“闽红”“宁红”齐名。

1915年，美国旧金山举办“旧金山巴拿马太平洋世博会”。祁红一路斩关夺将，脱颖而出，荣获特等奖，摘得金牌。从此，祁红以似花、似果、似蜜的“祁门香”闻名于世，位居世界三大高香名茶之首，成为西方人饮茶的上选。

祁红在国际茶界具有至高地位，早在清末，祁红就已销往英国、美国、德国、法国、丹麦等十几个欧美国家，英国是祁红的主要销售市场，据民国《祁门县志》载：民国二十一至二十四年，祁红输出国家和地区有英、美、德、法、苏联、荷兰、加拿大、澳洲、非洲和香港、台湾等。尤以英国为甚，是英国女王和王室的至爱饮品。经过三个世纪的跨越，祁红一直是欧美发达国家上流社会最钟爱的饮品，引领了近、现代世界饮料潮流。英国上流社会无不以拥有祁红为骄傲，作为午后茶的珍品。

二、历史渊源

据《祁门县志》记载：祁门红茶始制于清代光绪元年（1875年），为功夫红茶的珍品，主要用于出口。“Keemun Black Tea”早在1892年就已成为英文中的一个词组，美国的《韦氏大辞典》中也有“祁门红茶”的译英词组。美名远播海内外，品饮过它的人都对其赞不绝口，称其为“红茶中的皇后”。祁红的发展大致经历了以下几个阶段：

（一）萌发期：祁门安茶号兴起

祁门建县于唐永泰二年（766年），祁门人种茶究竟始于何时，惜无史可稽，但根据史料推算，当比建县要早得多。晋代（265—420）皖南一带就有大量茶叶作为贡品进献皇室了。南朝（420—589）时，茶产地分布于皖省各地，长江流域的人逐渐把茶当成普通饮料。

到了唐代，祁门人业茶，就有比较明确的记载了，元和十年（816年），大诗人白居易《琵琶行》中说：“商人重利轻别离，前月浮梁买茶去。”在祁门建县之前，祁门西南大部原属浮梁县辖区，而这一带历来是祁门茶叶主要产区，因此，“浮梁买茶”其实所买有相当一部分是祁门人所产。

晚唐时期，祁门人以茶为业，且有相当规模了。唐咸通三年（862年），歙州司马张途在其《祁门县新修闻门溪记》中，对此有过细致而生动的描述。

明代茶叶分为商茶、官茶和贡茶三个部分，商茶由商人赴官纳钱给引，贩运出境货卖，供内销和出口。官茶贮边易马，与少数民族进行茶马交易。贡茶则由地方官员采办，专差进贡内廷。当时祁门茶区，各地茶商往来如梭，他们在赴官输纳引税之后，便可成批买进茶叶，随引由运出，售到各地。茶叶卖完，茶商便要把引由缴到发卖地区的地方官员手中。明代皖南的商品经济比较发达，出现了原始积累型的商业资本，其中不乏大茶商，每逢茶季，他们“携带资本，人山制茶”，后来逐渐演化成经营茶号，不仅向农民收购毛茶，而且大都兼营茶叶精制的手工工场。

大约在明末清初，祁门软枝茶衍化成安茶后，由两广出口外销东南亚一带，很受欢迎。一时间，祁门安茶号兴起，极大地刺激了茶叶生产。尤其是光绪初年，祁红问世，更是迎来祁门茶叶的兴旺局面。

（二）发展期：“绿改红”祁红问世

清末，世界茶坛风起云涌，华茶出口因受资本主义国家扶植其殖民地茶业的影响，竞争激烈。正如陈椽先生《中国名茶研究选集》中说：“当时绿茶销路不好，外销仅占出口量的10%左右。红茶畅销，市价高于绿茶，相导仿制，势所必然，这是推动祁门茶叶生产变革的动力。”

绿瘦红肥，在这样的时代背景下，为了扩大祁门茶叶销路，在祁门茶区，一批有识之士开始“绿改红”，纷纷试制红茶。

相传祁门南乡人胡元龙在创制祁门红茶时，发现他试制的茶叶发酵后颜色乌黑，试泡后汤色红艳，并在杯中有一道金圈。胡元龙看过之后，甚为惊奇。冥思苦想一阵子后，顿时喜上眉梢。当即对周围的人说：“我试制的这种茶叶日后一定销路不愁，大家都会喜欢的。”

众人不解，便询其故。胡元龙释道：“吾茶色黑，乃道家的玄色，是信奉道学道教的人所喜欢的；吾茶泡后汤色红艳，红色代表着喜庆吉祥，这是我们中国人最喜欢的颜色，也是儒家崇尚的主色，谁人不爱其色美色吉呢？！”

只见他又端起茶杯，指着杯中茶，对众人说道：“你们仔细看看，这是什么？”“是什么？咦！这茶汤边上还有一道金圈。”大伙甚感惊奇。

“对，是一道金色的圆圈，茶杯边沿有金圈环绕。你们都知道所有的庙宇大殿中的佛像，皆是金碧辉煌，大佛都是金光闪闪。如此看来，吾茶是不是可以说是佛茶，红茶喉中过，佛祖心中留。敬茶则敬佛也，这不是预示着大吉大利嘛？！主人用吾茶敬客，一定是主人高兴客人喜欢。既然吾试制的茶叶能融道、儒、佛三教于一体，信奉三教的人都会喜爱我的红茶，既去渴又健身，既喜庆又吉祥。你们说，吾茶如此，焉能不红，焉能不火，日后一定会吉星高照，吉祥如意的。”

大伙也都高声应和：“恭贺主人，恭喜发财，如此好茶，一定会红红火火，大吉大利的！”

果不其然，祁门红茶一经上市，便迅速走红，名列世界三大高香茶之首，两夺国际金奖，被誉为“群芳最”“茶中英豪”，畅销世界50多个国家和地区，引领了上世纪西方发达国家的时尚生活方式。

英王查理二世的王妃凯塞琳出嫁时，从英国人办的东印度公司购买了221磅祁红作为嫁妆品带入宫廷。英国皇家贵族都以祁红作为向王室祝贺的礼品，祁红成了高贵身份的象征。当时欧美各国嗜茶者莫不视祁红为无上珍品。每当新茶上市，人人争相竞购，交口传扬“中国的祁门香来了”，都以能买到祁红而自豪。

据《祁门县志》说：当时的美国总统罗斯福的夫人祖上，曾在上海经营过茶叶，常有祁红佳品到美国家中，因此罗斯福喜嗜祁红，为日常饮料，祁门茶叶公会得此消息后，提选红茶运美以赠，受到罗斯福赞美。1915年，祁门红茶获巴拿马万国博览会金质奖章。

由于在祁红创制和早期发展中的突出贡献，胡元龙被后人尊为“祁红鼻祖”。

（三）成熟期：积极开发新产品

新中国成立后，祁门红茶得到很大发展。如今，祁门茶园面积已近20万亩，产量

4000多吨，在祁红、乔山等乡镇建立有机茶8000多亩，无公害茶园5万多亩。1949年4月祁门解放，人民政府接管了祁门茶业改良场。全县私营茶商全部停业，祁红毛茶统一由国家收购、加工。由于刚开始就是奔着出口而去，因此祁红可谓“等级森严”。上世纪50年代，祁红确立了分级标准，分为国礼、特茗、豪芽A和B，然后一到七级。现在的祁门红茶，还是按照以前分级法，即使是小店也按照规矩分，保持和发扬了祁门工夫红茶的传统风格，不仅两度荣获国家金奖、一度荣获世界金奖，而且保持了质量长期稳定，产品出口合格率均为百分之百。同时，积极开发新产品，向加工的深度和广度发展。出厂产品按品质分有礼茶、特名、特级、1级至7级共10个级别，还有碎茶、片茶、末茶等，其中礼茶、特名和碎茶是建厂后开发的新产品。

1950年，中国茶业公司屯溪支公司（后改为皖南分公司）宣布成立祁门、历口两个精制茶厂。1956年1月，祁、历两厂合并，历口改为分厂。加工能力逐年提高，管理日益完善。1979年7月，邓小平视察黄山时说：“祁红世界有名，你们祁红、绿茶搞小包装，包装一定要搞漂亮，当纪念品，他带回去送人，表示他到过黄山，了不起。”

（四）鼎盛期：畅销欧美获好评

祁红的复兴，由创新开始。国家级评茶师、黄山市祁门县百年红茶叶有限公司法人刘同意，一生痴迷祁红。早在20岁那年，就在县农业局茶叶站负责人汪祖生老师带领下，学习制茶和识别茶树品种，经过两年多的工作锻炼，掌握了很多制茶和收购茶叶的经验。1986年茶叶收购工作开始，刘同意在祁门县乡镇府办设了三个祁门红茶初制和精制茶叶加工厂，先后请了祁红制茶大师李一彪、黄重权、闵宣文等人指导，创新生产加工工艺及精制的拼配，将品质一流的祁门红茶销往全国各地及国外。

2005年，刘同意成立了黄山市祁门县百年红茶叶有限公司，与此同时，刘同意与他人合作创办的祁门县金东茶厂也由3000平方米发展到占地17亩，成为一家花园式茶叶加工厂。为进一步传播祁门红茶，刘同意不仅手把手将祁红的技艺传授给他的独子刘伟，还在上海设立祁门红茶专卖店，带领他的儿子刘伟一起专业从事祁红营销等工作，并且经常参与各地举办的茶事活动，给茶叶界的学员传授祁红等茶叶生产加工技艺，讲解审评等方面的知识。

1987年，祁红再获国际金奖。布鲁塞尔评选会主席乔治德•布鲁恩赞美说：祁红是我所见过的最好的茶叶。

2001年，祁门被冠以“中国红茶之乡”的称号。祁门县还选育了4个国家茶树良种，7个省级茶树良种，获得省级以上科研成果17项，创造一个国际名牌，4个国家金牌。来自商务部的消息说，祁红不仅畅销欧美，近年来在亚洲许多国家特别是日本也深受欢迎，日本红茶协会曾自主对从中国进口的“祁红”进行农药残留检查，结果全部符合标准。常务理事清农元先生亲自考察祁红茶厂，认为“祁红”出口前景广阔。

三、你知道吗

清末，五口岸通商。话说一日，洋务大臣李鸿章收到洋人送给他的礼物——两听外国红茶，喝过之后觉得味道不错。忽然想起自己当年在祁门抗击太平军，那里不是也产红茶吗？应该不会比这老外的红茶差吧？

念头一闪而过，当即写下手谕，命人送来祁门红茶。泡开一喝，果然味道非同一般，无论外形，还是汤色，均胜出这老外红茶一筹。李鸿章手中把玩着盛装红茶的锡听，不禁为自己的眼光独到精准而欣喜得意。玩着玩着，忽然计上心头，一丝笑意从眼角划过：祁门地处皖南深山，峰峦迭嶂，河溪纵横，森林茂密，雨量充沛，加上制作加工精细，所产红茶应该会是国际市场上的抢手货。近来洋人忒是张狂，飞扬跋扈、目中无人，何不借此展展我大清奇珍异宝，挫挫洋人的凌人盛气……

想到此，李大人当即决定要用祁红跟洋茶比试比试。第二天便约上洋人，当场斗茶。不等茶汤冷却，洋人就迫不急待啜了一口，随着微甜茶汤入口，脑门立马渗出一缕浓郁清香，整个人一下子也爽朗起来，眼前的世界都变得更明亮了。再看那茶汤，红如玛瑙，金圈外罩，比起他们国家的红茶真是天壤之别。洋人顿时就惊呆了……李鸿章异常兴奋，当即下谕，送十听给外国使臣，让老外见识见识我大清的宝物，尝尝我们大中华的红茶。

使臣回国后不久，李鸿章便收到来信一封，原来是那位外国使臣的修书。信上说：“想不到你们的祁门红茶味道如此绝妙，乃天降的琼浆玉液，人间难求，特别是那回肠荡气的奇特香味，真是无法描绘，似苹果香，又似兰花香，我们难以确切将其归类，干脆称它为‘祁门香’。大人高见如何？敬请赐教！”“祁门香？好，就叫祁门香！”李鸿章看罢信件，抚掌大笑。

从此，“祁门香”便传扬开来。

（编写：徐建民）

精制花茶：鸿怡泰

项目名称	精制花茶制作技艺
项目类别	传统手工技艺
保护级别	市级
公布时间	2015年
所属区域	上海市嘉定区

一、项目简介

鸿怡泰茶号是中国近代著名茶商郑鉴源1922年在上海创立，鸿怡泰精茶是指：鸿怡泰茶号根据洋庄出口茶口感需求和上海人饮茶习惯，传承南宋“锡甑火蒸，旁置窍甑，以器贮液，以叶渍香”古法提香工艺，结合鸿怡泰“拼茶配花，双窨双蒸，研储橘酿”工艺生产出的鸿怡泰手工精制茶。

鸿怡泰精茶手工制作技艺分为“拼”“炒”“提”“窨”“裹”“扎”“研”“解”“剔”“包”等工序。拼：拼茶组香；炒：复火手炒、除潮焙香；提：浸花提香；窨：双窨蒸香；裹：裹橘酿香；扎：扎绑封香；研：研石储香；解：剖橘解香；剔：剔挑分级；包：包储入罐。

鸿怡泰手工精茶在形、色、香、味方面，有以下特点。其形：紧、齐、秀。其色：亮、透、润。其香：雅、郁、久。其味：纯、醇、甘。

鸿怡泰精茶制作工艺是四代人探索总结的智慧结晶，保留全手工技艺，并通过家族式传承方式，以父母口传身教、手把手传给子女。配方独特、工艺清晰、传承脉络完整，是上海地区不可多得的手工技艺活化石。

二、历史渊源

据《上海民族茶商变迁与近代中国茶叶组织发展》记载：1843年上海开埠，1844年上海出口茶叶544吨。仅经过短短7年，1851年上海茶叶出口量就超过了广州，成为中国近代茶叶出口主要口岸。

据上海档案馆史料记载：“鸿怡泰茶号”由郑鉴源1922年在上海创办（上海市档案馆档号：Q275-1-1996）。鸿怡泰精茶手工制作技艺的发展大致经历了以下几个阶段：

（一）萌发期：华茶外销

据《上海民族茶商变迁与近代中国茶叶组织发展》记载：“上海原有本土茶

庄，称为土庄茶号，即上海的精制茶厂，随着开埠后外销业务日益扩大，外商洋行对茶叶的品质提出特殊要求，由于直接收购的内地茶货不对路，沪地茶商开始设法将毛茶精制改制以适合外商要求。”“至咸丰初年，华茶外销进入旺盛时期，在沪设厂精制遂成专业。”

（二）发展期：毛茶精制

翻开《上海茶及茶业，1930年铅印本》，可以看到：郑鉴源在1922年沪上茶业发展时期来沪设立茶庄，跳过中间商，直接将婺源茶叶运到上海。根据上海洋行的要求，聘请上海懂西方技术的制茶师傅就地精制加工成符合洋行要求的精制茶。

而《中国茶叶之改良》《上海茶及茶业，1930年铅印本》则记录了，“当时土庄茶号原料都通过中间商向产地采购，然后在上海精制加工成洋庄茶销给洋行供出口。上海处在口岸开放前沿，容易接触到西方工业技术影响”。鸿怡泰在沪开张不久，制茶师傅王汝六等一批上海工人就被聘请进入鸿怡泰精制茶作坊。

（三）成熟期：提香工艺

由于沪上洋行众多，对茶的要求也各异，以王汝六为代表的上海制茶师傅们参照中国南宋提香工艺，在制作中不断改进，终于摸索出一套独特的能满足洋行出口茶口味需求和符合上海本地人士饮茶口感习惯的鸿怡泰精制茶手工制作技艺。

（四）鼎盛期：世博会获茶类甲等大奖

1926年，由海派精茶手工制作技艺制成的鸿怡泰精茶获得美国费城世博会甲等大奖，鸿怡泰茶号发展达到鼎盛时期。

可以这样说，正是上海本土工人的勤奋刻苦和聪明智慧，为郑鉴源扩大茶叶出口，稳坐上海茶行业头把交椅做出了巨大的贡献。

（五）衰退期：海派精茶制作技艺的衰落、濒危

1952年，由于历史原因，鸿怡泰歇业，员工被遣散并入其他各个厂矿企业，王汝六病逝，其子王志勤靠烧老虎灶卖茶水维持生计。后上山下乡运动开始，王志勤长女王爱华响应党的号召，主动请缨插队落户云南。

云南，作为世界茶的故乡，给了王爱华施展技艺的天地。后认识了同在云南插队落户的上海青年郁祥根。相同的兴趣爱好，使两个年轻人走到了一起，他们起早摸黑、与当地农民打成一片，上茶山下田地，吃苦耐劳，并虚心拜师学艺，技艺突飞猛进。

三、传承族谱

王汝六（1890—1952），海派精茶手工制作技艺创始人。自1922年进入鸿怡泰至1952年病逝，一直在鸿怡泰制茶坊工作。

王志勤（1930—2009），16岁随父亲当学徒工，学习制茶技艺。

郁祥根（1952—　）、王爱华（1952—　）夫妇，继承父业，在云南插队落户从事制茶，后回沪。

王文雯（原名：郁文雯）（1981—　），香港茶艺学会会员，高级茶艺师，从小学习制茶技艺，大学毕业后在职业学校从事茶的制作教学工作，每年开设茶艺讲座。每年赴美国、法国交流制茶技艺。

四、代表作品

极品三宋茶：《清代普洱府志选注》及《续云南通志长编》记载："车里之蛮金、蛮时、蛮芳三地所产即历史上有名之三宋茶也。"

按照三宋茶古茶配方制作的三宋茶饼要满足以下条件：

一、必须是当年的春季新茶，头道嫩芽，要求叶肥毫密，不能混杂老叶、茶梗，以保证茶汤色泽金黄透明。由于采用当年新茶压制，新饼破饼冲泡，清香满溢，汤色清亮通透，阳光射入，如万根金丝闪耀杯中，入口油醇，俗称"金丝汤"。

二、经采摘的嫩芽不准人工催熟发酵，不能存放过久，需及时加工，防止嫩芽在发酵过程中营养损失。若以存放过久或人工催熟发酵的茶叶制饼，茶汤暗黑浑浊，口感苦涩无回甘。

三、制饼时鲜叶水蒸时间和火候要掌握恰当，做到一蒸二撒三抖四晾，掌握不当，易造成茶饼压制失败。

四、压制茶饼掌握压力，每个茶饼重量控制在200克，厚度在2.5cm，直径10cm。这样的厚度和重量能利于茶饼酵化过程中保证透气、利于茶饼长期储存、自然发酵，逐渐熟化。收藏价值也随之不断提升。

新茶普洱饼正成为收藏热点，每年数量不多的三宋茶新茶饼，更成为了普洱新茶中的投资极品。云南老茶号"复聚"和"余文昌"两家按照古法压制出品的三宋茶，尤其受到业内推崇。

三宋茶必须用新春云南大叶白毫新芽压制，经过3—15年自然熟化，三宋茶工艺强调的是自然熟化。所以，三宋茶从不使用人工催熟的茶叶压制所谓熟饼。三宋茶生饼，随着熟化过程的深入，三五年破饼冲泡，汤色见红，俗称"红汤"或"老汤"。

三宋饼的奇妙之处在于：拥有一款生饼，在不同时间段破饼，收藏者能品味它自然熟化阶段的明显不同的风格口味。

一瓯香茗，能让你品味时间，领悟时光流逝、人生飞度，唯三宋茶是也。

双花凉茶：源自上海鸿怡泰古方，经鸿怡泰第四代传人改良，所有原料经过精选，内含特级天山雪菊、干桂、黑制三宋茶芽。质量上乘，有机天然，口感浓醇甘甜，香气四溢，具有抗氧化、降三高、清热降火等功效，独具上海风味。

英伦暖茶：根据鸿怡泰上世纪三十年代出口配方改进，选用特级云南滇红红茶和斯里兰卡红茶加入法兰西粉玫瑰和柠檬草等进口原料，按比例配制的一款上海口味配方茶。

遐想在金秋的某个下午，一个人静静地泡上一杯英伦暖茶，看着酽纯红茶茶汤那幽深通透的酒红色中映衬着梦幻兰，粉色的玫瑰在水中轻盈舞动，茶香拥抱着玫瑰香和薰衣草的芬芳，丝丝滑入你的脑海，如那长大的女孩仍缅怀着少女时的梦幻忧郁，那恬静、那浪漫、那往事回忆，都在这一杯茶中荡漾。

儿童凉茶：鸿怡泰儿童凉茶根据儿童期生理特点，选用春天茶树萌芽作为原料，经深发酵去除大部分咖啡因，再经窨制后按照古法中医食疗配方，加入桂花等清凉去毒宁神的草本干花花卉，并采用现代化杀菌技术杀菌制作而成。

鸿怡泰是中国首创儿童凉茶的企业，是研制儿童凉茶领域的领军企业。鸿怡泰精茶的质量有口皆碑，鸿怡泰儿童凉茶更受到严格的把关，安全、低咖啡因与卫生无菌是鸿怡泰儿童凉茶的最基本特征。同时，鸿怡泰儿童凉茶也兼顾了儿童的口感需求，花香浓郁不苦涩，冲泡后茶香花香袭人，加入蜂蜜和冰糖，经冰冻后口感远胜于瓶装饮料。儿童凉茶也可以混合牛奶制成儿童奶茶，味甘浓郁，很受少年儿童欢迎。

五、你知道吗

由于郑鉴源一心要占领上海茶叶市场，所以他的茶叶价优质优，很快就赢得了上海的大部分市场。但毫无疑问，此举也侵犯了很多茶商的利益，茶商们开始反扑。

有一天早上，鸿怡泰茶庄仓库内五十担左右的精茶被淋了水。偏偏就在这个时候有很多报社记者冲进厂采访，显然是遭人陷害了。

郑鉴源说：“你们把茶叶拿到鸿怡泰茶庄去。千万不要放在茶厂烘干。你们当着顾客的面把茶烘干。”然后他和报社交涉。

第二天一早，鸿怡泰茶庄门口排起了很长的队伍，附近的行人也闻到了那诱人的茶香。因为此时伙计们在门口搭起了十几台烘锅，用手工烘茶呢。墙上贴着告示，大意是：由于本厂员工疏忽，造成茶叶淋水，本着对消费者和市民负责的精神，本公司决定把此批茶叶烘干做成茶枕，免费送给市民。

茶枕，就是把茶叶烘干装进小布袋做成枕头。人们争相疯抢，然后回家品尝，觉得这么好的茶叶都不掺着卖，而是做成茶枕送给市民，这茶叶质量，这职业道德，这企业的社会责任感真是没话说。此事一直延续三天，报纸不断刊登。之后一传十，十传百，口口相传，鸿怡泰茶名声大振，在很短的时间内占领了上海高端茶市场。

1926年美国费城举办世界博览会，国民政府组织代表团前往参展。经上海市茶叶同业公会和市商会推荐，民国上海市政府批准，上海鸿怡泰润记茶号“双狮地球牌”商标的精茶不远千里地来到美国参加世博会。在费城世博会中国馆参展期间，“双狮地球牌”精茶被放在最显眼的位置，可还是无人驻足。伙计将茶叶箱改装做成一只风箱，在幕后用风扇进行鼓风，将茶叶从风箱口散出。顿时，鸿怡泰展位飘起了漫天茶雨，碧绿的茶叶随风翩翩起舞、茶香四溢，西洋外商惊奇地纷纷驻足。他们拿着叶片观看，嗅着香味并试饮品茶，品头论足。之后又参加助兴的抽奖活动，中奖的礼品是装帧古朴的茶叶礼包一份。外商被这一宣传招揽的悬念与举动打动，陶醉于沁人心肺的清香中，鸿怡泰“双狮地球牌”茶叶名气大振，不仅接到不少外商订单，还捧回了美国费城世博会茶叶甲等大奖。

提起鸿怡泰，老上海还流传着一个故事。传说，郑鉴源刚到上海开店时，许诺重金与股份，从其他茶庄挖来核心人物，上海制茶师傅王仁康任二掌柜。王仁康掌握茶拼配技艺，又精通外语，和洋庄大班关系极好，在王仁康的帮助下，鸿怡泰洋庄茶生意红火。

由于得罪了上海茶庄同行，于是，一次里应外合，王仁康被下毒害死。鸿怡泰一下子失去了掌握核心技艺的拼茶师傅，大批的洋庄茶订单无法交货，鸿怡泰陷入困境，郑鉴源为稳定人心，暂时对二掌柜之死秘而不宣。

为斟酌对策，郑鉴源数夜不眠，却一筹莫展，正昏昏睡去之际，忽听伙计来报，说二掌柜回来了，正忙忙碌碌地在指挥伙计拼茶配茶，郑鉴源大喜过望，跑进店堂，一把抱住仁康，说：“大哥啊，说你远行，你回来了么！”仁康慢慢转过身来，嘱咐鉴源：愚兄此去，非我所愿，但天命难违，恐难再见，心愿未了，特来辞行，鸿怡泰，我托付我弟仁福帮你，你铭记：“以诚为利、以信为赢、以真为答、以正为念”，前程无量。

郑鉴源听罢，眼圈顿时红了，一把抓住仁康冰冷的手，大喊：大哥别走、大哥别走……喊着喊着，郑鉴源从梦中醒了过来。

原来是一场梦，郑正嘀咕着，伙计来报，二掌柜的弟弟仁福来店帮助拼茶配茶，洋庄茶可以出货了，郑鉴源一听，喜出望外，回想起梦里仁康的嘱托，不禁对天长揖，发誓：弟定谨记兄长教诲，坚守商道，兄长在天相助，弟一定竭尽心力，让鸿怡泰屹立上海滩。不负众望，短短数年，鸿怡泰坐上了中国洋庄茶头把交椅。

2015年，英国威廉王子访问上海，鸿怡泰精茶被作为上海的礼物送给威廉王子，王子回国后特地给鸿怡泰传承人写了热情洋溢的感谢信。

（编写：秋　叶）

百年品牌：都匀毛尖

项目名称	都匀毛尖茶传统制作技艺
项目类别	传统手工技艺
保护级别	国家级
公布时间	2014年
所属区域	贵州省都匀市

一、项目简介

贵州都匀毛尖，又名“鱼钩茶”或“雀舌茶”，生长在平均海拔1400余米的山上，这里高山环抱、溪流潺潺、云雾缭绕，土壤结构独特，呈酸性或微酸性，内含大量的铁质和磷酸盐，使得茶叶内含有十分丰富的营养成分和芳香物质，也造就了都匀毛尖的独特风格、国饮品质。

都匀毛尖色泽鲜绿、外形匀整、茸毛显露、条索卷曲、香气清嫩、汤色清澈、回味甘甜、内涵丰富。冲泡后，香气清高持久、香馥若兰，形成了“干茶绿中带黄、汤色绿中透黄、叶底绿中显黄”的“三绿透三黄”独特品质，品饮其汤，沁人心脾，唇齿留香。是中国高端绿茶的精品，享有“绿茶皇后”的美誉。2015年都匀毛尖品牌价值评估20.71亿元，荣获“最具品牌发展力品牌”，排名全国第13位，是贵州省唯一入选中国前20强的茶叶品牌。

2007年，都匀毛尖以其纯天然、无污染的有机食品品质，冲破欧盟210项农残检测“绿色壁垒”，成功进军欧盟市场。

二、历史渊源

早在明清时期，都匀毛尖就成为宫廷贡品。乾隆年间，都匀毛尖茶开始行销海外，成为洋人脑海里对中国的众多神秘印象之一。1956年，毛泽东主席为其赐名“都匀毛尖”。1915年在巴拿马万国博览会上，都匀毛尖与仁怀茅台双双斩获金奖，贵州馆载誉而归。1982年在湖南长沙全国名茶评比会上，被评为中国十大名茶……都匀毛尖一路走来，一直是荣誉加身。

（一）萌发期：高山云雾寡日，天然出好茶

相传很早的时候，都匀蛮王有九个儿子和九十九个女儿。有一天，老蛮王突然得了伤寒，病倒在床，就让儿女们出去找药，九个儿子找来九样药，都没治好老蛮王的病。九十九个女儿去找来的都是一样的药——茶叶。老蛮王喝了茶叶冲泡的茶水后，身体奇迹般康复了。于是问女儿们茶叶是从哪里找来的，女儿们异口同声说是绿仙雀给的。老蛮王叫女儿们去找些来种，以后有人生病，就可以用来治病了。

姑娘们来到绿仙雀给她们茶叶的地方，没有找到绿仙雀，她们就在一株高大的茶树王下跪拜。姑娘们的诚心感动了天神，于是天神派绿仙雀和一群百鸟给她们送来了茶种。

姑娘们精心种下茶种，长出一片茶园。茶树越长越好，蛮王国国泰民康。

都匀毛尖生长的地方，通常都是海拔1000米左右的高山。这里层峦叠嶂，云雾深深。采茶时节，这里的布依族、苗族女子穿着传统的蓝布衣衫，胸前系着围裙，一边唱着山歌一边采茶。忽高忽低的歌声从山上飘来，细雨后云雾在山间缭绕，成了入画的风景。

低纬度、高海拔、寡日照、多云雾的自然条件，为都匀毛尖绝佳的生长提供了优良的先天优势。

除此之外，都匀毛尖的采摘标准高。都匀毛尖一般以独芽和一芽一叶为主。生产1斤都匀毛尖需要4.2斤茶青，6万至8万个芽头。正是这样近乎“严苛”的采摘标准，为都匀毛尖的品质提供了保证。

都匀毛尖手工炒制程序独特复杂，分为杀青、揉捻、做形、提毫、烘焙五道工序，所有操作讲究火中取宝，一气呵成。而炒茶的成败全凭炒制者的手感和对温度的控制。独特而又复杂的工艺，成就了都匀毛尖独特的色、香、味、形、效。

（二）发展期：世博会获奖，誉满全球

1912年，美国政府宣布，为庆贺巴拿马运河即将开通，将在旧金山市举办“巴拿马太平洋万国博览会”。当时的中国正陷于辛亥革命后的南北纷争中，国内政局动荡，但北京政府还是决定参加赛会。

在这次博览会上，以都匀毛尖为代表的中国茶叶击败了印度茶叶，夺得4枚大奖章，在国际舞台重塑了中国茶叶的形象。

此次赛会，都匀毛尖茶与贵州茅台酒一同成为贵州在国际上最早获奖的食品饮料，被后人誉为“北有仁怀茅台酒，南有都匀毛尖茶”。

（三）成熟期：毛主席回信，命名毛尖茶

1956年4月2日晚，团山乡乡长罗雍和与乡干部谭修芬、谭修凯等人阅读报纸，正好读到《贵州农民报》上一篇题为《人民热爱毛主席，万里边境送虎皮》的文章。受此触发，几位干部想，人家可以送虎皮，咱也可以送一点我们家乡的鱼钩茶给毛主席品尝。经商议，与会干部一致决定炒制3斤上好的鱼钩茶送给毛主席。说干就干，罗乡长第二天便发动群众上山采茶。时值清明节前后，正是出好茶的时节。

上好的茶青经心灵手巧的谭修芬精心制作后，又请乡里的工匠打制了一个精致的木盒包装茶叶，连同一封信一并给毛主席。

几天以后，茶农社收到一封落款为中共中央办公厅的回信。大家激动不已。信件是打字机打印的，大致内容是：你们给毛主席的茶叶已经收到，经主席批准，寄给你们十五元作成本费。落款为中共中央办公厅。信件下部附有几句毛主席的亲笔签字："茶叶很好，今后山坡上多种茶，茶叶可命名为毛尖。毛泽东。"毛主席回信一事在十里八乡传开了，各地群众纷纷涌进团山乡学习观摩。乡里还组织了歌舞活动庆祝。

可惜的是，如今那封有毛泽东亲笔签名的信件已经遗失。2001年5月，都匀市政府还出资一百万元寻找毛主席的亲笔信件，但至今没有下落，不过，毛主席为都匀毛尖命名一事在当地传为佳话，都匀毛尖也名声大噪。

（四）鼎盛期：总书记嘱托，打出品牌

2014年全国"两会"期间，习近平总书记参加贵州代表团审议时说，"我知道贵州的都匀毛尖，毛尖茶味道一般比较清淡。"并称赞，"像贵州这种高海拔、低纬度、多云雾的地方，可以保持较为适宜的温度，能出好茶。"讲话中，习近平总书记还作出了"把都匀毛尖品牌打出去"的重要指示。

2014年5月，省政府出台《贵州省茶产业提升三年行动计划》，提出大力实施黔茶品牌战略，重点支持以"都匀毛尖"为代表的"三绿一红"品牌发展，建设全国茶叶强省。

同年7月1日，黔南州颁布实施《黔南州促进茶产业发展条例》，成为继福建之后全国第二个为茶产业立法的地区，为茶产业发展提供了法制化保障。随后，黔南州陆续发布了《都匀毛尖茶综合标准体系》等25个都匀毛尖茶标准，不断优化都匀毛尖茶产品结构、质量安全和市场营销行为规范。

2015年，适逢都匀毛尖茶在1915年巴拿马万国博览会上荣获金奖100周年。为了贯彻习近平总书记"把都匀毛尖品牌打出去"的重要指示，省委、省政府决定在黔南州举办"都匀毛尖世博名茶百年品牌推介活动"，以擦亮"都匀毛尖"高端绿茶的金字招牌，推动以"都匀毛尖"为代表的黔茶走出深山、走向世界。

三、传承人的故事

张子全，贵州省非物质文化遗产都匀毛尖茶手工制作技艺传承人。从6岁开始就看着爷爷炒茶做茶、帮爷爷添柴烧火；跟着大人上山采茶、拾炒茶用的木柴；十几岁就已经能自己动手炒茶、赶在赶场头天晚上把茶叶加工好，第二天一大早担着炒好的茶上街去卖，卖茶的钱就拿来买米买油，也买点灯用的煤油。至今张子全种植、制作毛尖茶已有30多年，他在传承中创新，研制出茶香独特、耐泡、保存期长的“金毛尖”茶。

从杀青（制茶的初始工序之一）、揉捻到提毫、出锅，40分钟炒出一锅茶叶，这炒出的茶呈怎样的品相，全靠炒茶人对火候的掌握和对双手力度的把控。像张子全这样有经验的炒茶人炒出的茶叶，形状卷曲完整，颜色绿中带黄，叶面上的白绒纤毫毕现，冲泡出的茶汤亦是绿中显黄，清香宜人。

靠着对都匀毛尖的熟悉和一手娴熟的炒茶技艺，他牵头成立了茶叶合作社，和乡亲们一起经营1000多亩茶园。每到新茶时节，总有茶商或茶客慕名上山购茶。

四、你知道吗

明朝时期，今黔南州贵定县人丘禾嘉入朝为官，成为兵部职方主事。然而，当时战乱不断，满腔抱负的丘禾嘉不满足于兵部职方主事这个正六品的官职。

进京上任面见崇祯皇帝的时候，丘禾嘉向皇帝呈上了一封奏折和一包包装精致的茶叶。皇帝不解其意，沉吟许久，拿了一撮茶叶在手上仔细端详。

丘禾嘉说：这是我家乡都匀府出产的茶叶，为我朝贡茶，可惜迄今还没有名字，请皇上赐名。

崇祯一听，恍然明白丘禾嘉的意思是以茶喻人。“兰心质慧而无名”，犹如那贡茶。放下茶叶，崇祯拿起丘禾嘉的奏折。奏折上是丘禾嘉对于明王朝辽东作战的形势分析和判断，剀切而精要。崇祯读罢大喜，说：卿所贡之茶，历朝有名，生时为枪，熟时似钩，赐名“鱼钩”。随即朗声宣布，再一次破格提拔丘禾嘉，任命他为辽东巡抚，加“超拜右佥都御史兼统山海关诸处兵马”的头衔，立马率兵出关破敌。

从此，都匀的茶叶有了一个御赐芳名——“鱼钩茶”。

1968年，毕业于江苏农业大学茶学系，时为都匀茶场场长的徐全福发现所沿用的传统都匀毛尖加工手法有一定的局限，改进工艺后加工出的毛尖茶外形条索紧细卷曲、银毫披身、色泽绿润、冲泡汤色绿黄明亮，香气清嫩，滋味鲜爽回甘，叶底嫩绿匀齐。

新工艺制作的“都匀毛尖”加工出来后，徐全福给中国茶叶界有名的专家庄晚芳教授（是徐全福大学时的老师）寄去样品，请庄教授品评。不久，庄教授在给徐全福的回信中对寄去的“都匀毛尖”样品给予了很高的评价，并在信中题诗一首：“毛尖芳香都匀生，不亚龙井碧螺春；饮罢浮花清鲜味，心旷神怡攻关灵。”著名茶叶专家张大为曾提诗盛赞都匀毛尖：“不是碧螺，胜似碧螺；香高味醇，别具一格。”

从1972年起，上海进出口公司与都匀茶场签定协议，都匀毛尖全部由该公司包销出口日本、德国等国家。但由于产量有限，都匀茶场每年仅能向上海进出口公司以每斤8元的价格，提供308斤都匀毛尖以供出口。

1982年8月，国家商业部在长沙青园宾馆召开建国以来第一次茶叶评比盛会，来自全国13个产茶省提供了300多个名茶样品参评，贵州选送都匀毛尖、羊艾毛峰、遵义毛峰、湄江茶等共5个茶样参评。代表贵州送茶样的是国家级茶叶评委甘榆才和都匀茶场场长徐全福。

按照规则，所有茶样被拆开打散，重新编号（行家们称为“密码审评”），分送来自全国的60多名茶叶专家、教授和工程师进行评鉴。茶样交给组委会后，每个评委都不知道哪个号码的茶样是什么茶，只负责品饮和审评。评审的第一道程序是“干评”，从外形上看茶叶的嫩度、形态、净度、色泽、整碎等五项因子；然后“湿评”，开汤评鉴内质，按嗅香气、看汤色、品滋味、看叶底的顺序进行审评，最后在只有密码编号的评分表格上逐一打分。谁也不敢怠慢，施展平生所学，从形色香味等各个角度品鉴茶样。因为这毕竟是中国茶叶史上第一次评选十大名茶。评比时间一直持续了8天8夜。期间，所有的人都蒙在鼓里，不知道自己带来的茶样命运如何?

最后一天，当组委会宣布“中国十大名茶”入选名单时，全场震惊。谁也没有想到，“鱼钩牌”都匀毛尖竟以96分的高分，力压全国300多个名茶，与西湖龙井、碧螺春、信阳毛尖、君山银针、六安瓜片、黄山毛峰、祁门红茶、铁观音、武夷岩茶等同获“中国十大名茶”殊荣，并排名第二。

现场有人提出异议，“都匀毛尖”得分不可能高于碧螺春，是不是计算有误?但复核结果表明，计算准确无误。有人仍然不肯接受，向组委会提出复评申请。

组委会慎重地接受了复评的申请，对“都匀毛尖”和碧螺春进行再一次评审，将编号重新打乱，重新编排，整个程序完全与第一次评审一样。不久，评审结果出来，“都匀毛尖”获得98.56分，比首次评分还高。有趣的是，碧螺春厂的评委给“都匀毛尖”的评分还高于他自家的碧螺春。在那个“金不换”的时代，碧螺春的评委实事求是的科学、严谨的态度，赢得了人们的赞赏。经过两次较量，“都匀毛尖”一举成名，登顶“中国十大名茶”的排行榜。

评比结束后，《经济日报》等全国各大媒体对此次名茶评比会进行了大篇幅的报道，称这次评比的最大爆冷是来自茶叶起源地——西南的茶叶首次在全国大赛上跻身前三甲。

（编写：许　土）

历久弥香：武夷岩茶

项目名称	武夷岩茶（大红袍）制作技艺
项目类别	传统手工技艺
保护级别	国家级
公布时间	2006年
所属区域	福建省武夷山市

一、项目简介

武夷岩茶是中国传统名茶，是产于武夷山岩上乌龙茶类的总称，是具有岩韵（岩骨花香）品质特征的乌龙茶。优异的品质，优良的品种，独特、精湛的制作工艺，形成了武夷岩茶显著的“岩韵”。武夷岩茶叶端似蜻蜓头，色泽绿褐鲜润，冲泡后茶汤呈深橙黄色，清澈艳丽；叶底软亮，叶缘朱红，叶心淡绿带黄。它兼有红茶的甘醇、绿茶的清香；茶性清而不寒，久藏不坏，香久益清，味久益醇，是中国乌龙茶中之极品。而武夷岩茶中最著名的，又当属“大红袍”。

二、历史渊源

武夷岩茶传统手工制作工艺历史悠久，技艺高超，在制茶技艺中达到了巅峰。该工艺起源于自然，完善于总结提高。它源于民间，所以它的工序叫法不但口语化，而且形象。使用的工具大都用竹、木制成，达30多种。使用的热能是木炭和柴薪，都是天然之物。

（一）萌发期：炒青绿茶香高形美

武夷岩茶的制作历史可追溯到汉代。据史料记载，唐代民间就已将其作为馈赠佳品。宋、元时期已被列为贡品。元代还在武夷山设立了“焙局”“御茶园”。

明代中后期出现的炒青绿茶，是制茶工艺的大飞跃。清代初年，徽州松萝法传入武夷山，采用这种工艺制出的绿茶香高形美。但是由于武夷山山高路崎、茶山分散，茶采后置于篓中，被日光照射后变软，尤如“倒青”（即萎凋）；采工转移山场、挑丁担茶回厂，茶青在茶篓、青篮中晃动碰撞，相似做青、走水。这种茶青制出之茶虽无松萝绿茶之高香、美形，但却显得味厚、香纯。这种味厚香纯之茶很受饮者好评。武夷山先民便在此基础上加强了做青、焙火，从而不断总结出岩茶（即乌龙茶）的制法工艺。

（二）发展期：武夷焙法实甲天下

经历几代的发展沿革，清代初年终于出现了岩茶制作的完善技艺，首开乌龙茶制作的先河。当时在武夷山修志的文化人王草堂（？—1720）于《茶说》一文中作了记叙。清康熙三十年（1691年），入武夷山为僧的同安人释超全在其《安溪茶歌》中咏道："溪茶遂仿岩茶样，先炒后焙不争差。"这种"摊、摇，先炒后焙"等工艺大受时人赞赏，曾任江苏巡抚、两江总督的梁章钜（1745—1849）发出了"武夷焙法实甲天下"的感叹。

清代著名诗人袁枚在其《随园食单》中，这样描述武夷岩茶："予尝尽天下名茶，惟以武夷山顶所生，冲开白色者为第一。"武夷岩茶还是我国东南沿海省、地人民以及东南亚各地侨胞最爱饮用的茶叶品种，是著名的"侨销茶"。

清康熙年间（1661—1722），武夷岩茶开始远销西欧、北美和南洋诸国。18世纪传入欧洲后，备受当地人喜爱，曾有"百病之药"的美誉，欧洲人还一度把它作为中国茶叶的总称。这种制茶工艺后来又传到印度。美国人威廉•乌克斯于19世纪初叶撰写了《茶叶全书》，在该书的第9章和第22章中，他提及1834年印度茶叶委员会秘书戈登从武夷山购运了大批茶籽，请去工人在印度阿萨姆栽种。

（三）成熟期：承先启后功夫红茶

武夷岩茶"承先"于唐宋元明的团饼茶，晒青、蒸青散茶和明代的松萝炒青绿茶的部分做法。把松萝绿茶的晾青、炒青、锅中干燥，改为晒（烘）青、高温炒青、炭火笼焙。增加走水做青工序，形成岩茶独特做法。"启后"是演变出红茶制作工艺。1874年，随着茶叶需求量快速增长，外地茶商为了缩短制作时间，省略了做青、发酵和高温锅炒工序，茶青晒（或烘）后就进行揉捻，再"渥堆"发酵的"功夫红茶"，以满足国外需求。同时，武夷岩茶的制茶原理被广泛应用于后来的乌龙茶机械制法。如机制茶时的吹冷风和热风、静放、转摇等等，都是从手工制茶工艺延伸、发展而来的。

（四）鼎盛期：传承延续传统工艺

随着茶叶产量的大幅增长和科学的进步，从上世纪七八十年代起，大红袍已逐步改为机械制作。这种全程手工制茶已很少见，即使有也只是用在一二道工序上，所以说这种制作技艺一度处于濒临失传的状态。

2007年，武夷山公布了张天福、姚月明、陈德华等20多位传承人代表，使武夷岩茶传统制作技艺后继有人，并制定实施了《武夷岩茶大红袍制作技艺传承人管理办法》，在实行国家原产地域产品保护的同时，对具有丰富经验、身怀"绝技"的老制茶师进行专访，建立个人档案，对他们采取相应的保健措施。对武夷岩茶制作工艺以及相关的历史、当代的资料文献，进行收集、整理、保存，实施了对武夷山“中国茶文化艺术之乡”原生态文化景观的保护。同时，进一步挖掘与传统技艺相关的茶艺、喊山、祭茶、斗茶、茶王赛等习俗活动；开展对武夷岩茶传统制作工艺、传统制茶器具、传统制茶作坊、武夷岩茶主产区古代茶作坊、下梅“景隆号”茶庄焙坊、天心永乐茶坊及慧苑寺老茶厂遗存的修复和保护。

武夷山还严格执行国家颁布的武夷岩茶大红袍制作质量标准和国家工商总局规定的加强大红袍证明商标管理使用，执行有关质量的监督和检测，通过对这些法规、条例的执行，确保传统工艺技能的传承和进一步保护。整合全市的茶叶科研机构，以武夷山市茶叶科学研究所为主，建立发展各种科研专业机构，以民办为主，在传承发展基础上不断创新发展。同时，通过整合品牌，加速茶业产业化和与它相应的机械化制作，注重传统工艺技能和传承应用，使之相得益彰，让传统工艺与机械化先进技术相辅相成，以积极的态度加以保护，使传统工艺得到传承延续。

多举并行，其效可期。如今，越来越多的人开始重视武夷山岩茶制作技艺的传承。许多年轻人加入到武夷山制茶师的行列，跟着传承人学习制茶，不断钻研其中奥妙。而进入“传承人谱系”名单的制茶者，更是身体力行，每年要做一些手工茶，为保护这项非物质文化遗产不遗余力。

三、特色工艺

千百年来，武夷岩茶手工制作方式经过不断传承、创新，形成了一套精湛的制茶方法。其工序之繁复、技艺之高超、劳动强度之大、用时之长、制约因素之多是其他制茶工艺少有的。此处列举几项武夷岩茶制作过程中的主要环节：

采青：一般来说，采青时间一年有三次，分别采摘春茶、夏茶、秋茶（俗称“三春”）。茶叶开采期主要由茶树品种、当年气候、山场位置和茶园管理措施等因素决定。采摘的时间要恰到好处，春茶一般在谷雨后立夏前开采，夏茶在夏至前。秋茶在立秋后。采摘当天的气候对品质影响较大，晴至多云天露水干后采摘的茶青较好，雨天和露水未干时采摘的茶青最差。一天当中以上午9—11时，下午2—5时的茶青质量最好。

萎凋：萎凋是指茶青失水变软的过程。有日光萎凋、加温萎凋和室内自然萎凋三种方式。生产上主要采用前两种方式。日光萎凋历时短（约几十分钟），节省能源，萎凋效果最佳；加温萎凋历时长（约2—4小时不等），不均匀，茶青损伤严重，萎凋质量较差。特别是雨水青的萎凋，有待于进一步研究改进其萎凋工艺。萎凋是形成岩茶香味的基础。

做青：做青是岩茶制作过程中特有的精巧工序，是形成其“三红七绿”即绿叶红镶边的独特风格和色、香、味的重要环节。费时长、要求高、操作细致、变化复杂。

手工做青时，将萎凋叶薄摊于大小适宜的特质的水筛上，每筛首次青叶重约0.5—0.8千克，操作程序为摇青——静置，重复5—7次。传统的摇青操作，是双手持住竹筛边反复有规律的摇动。劳动量大，效率低，现在不少茶厂用机器代替。机械摇青的优点为效率高，但是不易控制红变过程。因此武夷岩茶中的高端茶一般不采用机械制作，多为老茶师以手工摇制。摇青次数从少到多，逐次增加，从十来次到一百多次不等，每次摇青次数视茶青进展情况而定，一般以摇出青臭味为基础，再参考其他因素进行调整。

做青过程中，还要看青叶变化，以定做青时间、下手轻重，最后使青叶由柔软无光泽转化到叶挺泛暗光呈“还阳”状态，土话叫“死去活来”。如此反复多次，一般手工操作按不同品种及情况需重复程序8—10次。

做青成熟的基本标准为：青叶呈汤匙状绿底红镶边，茶青梗皮表面呈失水皱折状，香型为低沉厚重的花果香，手触青叶呈松挺感，做青工艺的结束标志为进入高温杀青。

因茶青氧化（发酵）的过程，是一个相当复杂的物理和化学变化的过程。任何一种客观因素，都有可能影响到这种变化导致失败。而且，不同茶树品种，做青的具体方法也有所区别。如水仙摇青就不能太频繁，而肉桂的摇青，就要求相对频繁。所以茶师傅有“懒摇水仙勤摇肉桂”的经验之谈。

在实际操作中，每一个具体环节都必须相当小心，不能照搬固定程序。不仅需要相当丰富的经验，相当认真的态度，而且要有相当的悟性。

一个优秀的制茶师，不但要熟练掌握岩茶的制作工艺，更重要的是要能够依据茶青以及环境变化的具体情况，独具匠心处理问题，把握最佳的“度”，将做青工艺发挥到极致。武夷岩茶中的“看青做青”说的就是这个意思。

炒青与揉捻：岩茶炒青主要是把前阶段萎凋做青过程已形成的品质相对地固定起来，并起纯化香气的作用。高温下完成团炒、吊炒、翻炒三样主要动作，才能达到品质要求。起锅后，将茶叶趁热迅速置于特制的十字状阶梯形的揉茶台上揉捻。揉捻过程使茶叶卷曲成条，破坏茶叶细胞，使茶汁溢出附于表面，使岩茶更易冲泡，增加茶汤的滋味、香气、色泽。同时也是形成干茶色泽与干香的重要因素。揉捻之后进行复炒。复炒时间极为短促，是补炒青不足。再加热，促进香韵和味韵的形成。复炒后趁热适当复揉，茶索更为美观。

烘焙：复揉叶经解散后，于焙笼中摊放在特制的有孔平面焙筛上，明火高温水焙，各焙窑温度从高逐渐到低，在不同温度的条件下完成水焙工序。下焙后过筛，置于筛中薄摊后，放在晾青架上晾索，在透晾并茶转色后，付初拣。剔除梗、片，再经巡茶者拣出成形不够好的茶条。拣完加焙炖火，在炖火后团包。团包后，还要最后复火，俗称坑火，以去纸中水分。这样对提高耐泡程度、醇度、熟化香气及增进汤色能起很明显的作用。炖火结束，趁热装箱，对岩茶内含物质能起热处理的催化作用，以达到香气、滋味的提高。炖火过程的细致处理，为岩茶所独有，而为任何其他茶所不及。

四、你知道吗

关于大红袍的来历，有一个广为流传的故事。古时，有一穷秀才上京赶考，路过武夷山时，病倒在路上。幸被天心庙老方丈看见，泡了一碗茶给他喝，果然病就好了。后来秀才金榜题名，中了状元，还被招为东床驸马。一个春日，状元来到武夷山谢恩。在老方丈的陪同下，前呼后拥，到了九龙窠。但见峭壁上长着三株高大的茶树，枝叶繁茂，吐着一簇簇嫩芽，在阳光下闪着紫红色的光泽，煞是可爱。老方丈说，去年你犯鼓胀病，就是用这种茶叶泡茶治好。很早以前，每逢春日茶树发芽时，人们就鸣鼓召集群猴，穿上红衣裤，爬上绝壁采下茶叶，炒制后收藏，可以治百病。状元听了要求采制一盒进贡皇上。第二天，庙内烧香点烛、击鼓鸣钟，召来大小和尚，向九龙窠进发。众人来到茶树下焚香礼拜，齐声高喊“茶发芽！”然后采下芽叶，精工制作，装入锡盒。状元带了茶进京后，正遇皇后肚疼鼓胀，卧床不起。状元立即献茶让皇后服下，果然茶到病除。皇上大喜，将一件大红袍交给状元，让他代表自己去武夷山封赏。一路上礼炮轰响，火烛通明。到了九龙窠，状元命一樵夫爬上半山腰，将皇上赐的大红袍披在茶树上，以示皇恩。说来也奇怪，等掀开大红袍时，三株茶树的芽叶在阳光下闪出红光，众人说这是大红袍染红的。后来，人们就把这三株茶树叫作“大红袍”了。有人还在石壁上刻了“大红袍”三个大字。从此大红袍就成了年年岁岁的贡茶。

（编写：紫　玉）

中国琼浆：封缸酒

项目名称	丹阳封缸酒酿造技艺
项目类别	传统手工技艺
保护级别	国家级
公布时间	2008年
所属区域	江苏省镇江市丹阳

一、项目简介

丹阳封缸酒以特产糯米为原料，以特定的水质、独有的工艺精酿而成，是丹阳黄酒乃至中国黄酒家族中最具特殊风格的酒种。酿制工艺繁杂，技术要求高，因需长期封缸陈酿而成，故名“封缸酒”。其酒色棕红、琥珀光泽、酒气芳馥、酒味醇厚、鲜甜爽口。经过历代传人的共同努力，工艺日臻成熟，形成了独特的传统技艺文化，被誉为“酒林一绝”。

二、历史渊源

丹阳为鱼米之乡，气候温和，雨量充沛，土地肥沃，一直以盛产优良糯米著称。米粒大而均匀，味香性粘，洁白如玉，历代进贡皇宫，有“宫米”之称，为酿造封缸酒创造了得天独厚的条件。丹阳酿造史已有3000余年，境内出土的黑衣陶宽把杯、西周青铜风纹尊、兽面纹尊以及青铜方卣等远古酒器证明，早在新石器时代至西周时期，丹阳已有相当发达的酒文化。

（一）萌发期：曲阿美酒，香飘四溢

古时丹阳城内有家父子媳三人开的小酒坊。他们采用新法酿制了一种酒，前来购买的商贩们品尝之后，觉得酒味太凶，便都摇头而去。老翁、儿子、儿媳看看无望，便将酒加盖黄泥封存缸内。不料几年之后，城内缺酒应市，商贩们想起几年前的事，退而求其次，又一起上小酒坊要买他家的酒。老翁怕人耻笑，本不想卖，后与商贩纠缠不过，只好搬出封缸。谁知泥一揭，坛一开，酒香飘然四溢，众人一尝，连声道：“好酒！好酒！”忙问此酒如何造法，叫啥名称，儿媳笑盈盈答道：“封缸的酒唷。”丹阳封缸酒之名，从此传了下来。

丹阳酒最早的文字记载，见于晋代王嘉的《拾遗记》，称：“云阳出美酒”。王勃的《吴录》一书也载“云阳酒美”，由此可知早在1700年前的三国时期，“云阳美酒”已闻名于世。

到南北朝时，丹阳的“曲阿美酒”已风靡大江南北，连北朝的帝王将军在出征时都点名要喝曲阿酒庆功。这在正史《魏书》《北史》中都有记载。

《魏书•刘藻传》载：“后车驾南伐，以藻为征虏将军，督统高聪等四军为东道别将，辞于洛水之南。高祖曰，‘与卿石头相见’。藻对曰，‘臣虽才非古人，庶亦不留贼虏而遗陛下，辄当酾曲阿之酒以待百官’。高祖大笑曰，‘今未至曲阿，且以河东数石赐卿’。”这段文字写的是公元497年的事，说明当时曲阿美酒不仅仅在南朝闻名，在北朝也很知名，连皇帝将军们也津津乐道。

南朝最有作为的皇帝梁武帝萧衍非常爱喝曲阿酒。他在《舆驾东行记》中记载：“南次高骊山（在丹徒西南）。传云，昔有高骊国女来，东海神乘船致酒，礼聘之，女不肯，海神拨船覆酒，流入曲阿，故曲阿酒美也”。

梁元帝对丹阳酒也情有独钟，曾写过：“试酌新丰酒，遥劝阳台人”的诗句。新丰是曲阿境内的集镇，历史上盛产美酒，号“新丰酒”。

（二）发展期：不失旧统，产量尤丰

到了唐代，丹阳酒仍然很盛，段成式的《酉阳杂俎》将曲阿酒列为“天下名肴佳酒”。大诗人李白到丹阳喝过酒后，赞叹不已，留下了：“南国新丰酒，东山小妓歌”“情人道来竟不来，何人共醉新丰酒”等著名诗句。

宋代乐史的《太平寰宇记》记载：“曲阿出名酒，皆云后湖水所酿，故醇洌也。”陆游入蜀过丹阳，饮玉乳泉，评新丰酒。他曾写过“愁忆新丰酒，寒思季子裘”“醇如新丰酒，清若鹤林泉”等诗句。

到了元代，丹阳酒作为贡品被献入皇宫，故有“贡酒”“宫酒”之名。元代大诗人萨都剌有“望湖楼上远茫茫，鸟飞不尽青天长。丹阳使者坐白日，小吏开瓮宫酒香”“闭门三月听秋雨，酒醒丹阳客未归”等诗句。

明清以来，丹阳酒更是大量出现在名人的诗歌杂记中。在清代，丹阳酒又有百花酒、百花老陈之称。徐珂的《清稗类钞》载：“百花酒，吴中土产，有福真、元烧二种，味皆甜熟不可饮。惟常镇间有百花酒，甜而有劲，颇能出绍兴酒之阳，以间道以制胜。”常镇是指常州与镇江一带，丹阳位于常镇中间。《古酒大观》称：“常州百花酒，以丹阳所产为佳，至今不失旧统，产量尤丰。”

（三）成熟期：丹阳黄酒，畅销四方

清朝晚期，丹阳城乡有名可考的酒坊尚有二十余家，名气规模较大的有延陵的潘恒义、柳茹的贡日升、阳城桥的吴洪泰、珥陵的林万盛、里庄的潘义昌和潘义和、访仙的恒升、蒋墅的源茂以及丹阳城的福源。

同治七年（1868年），丹阳城内富商董、王、程、周四家商量，准备合股扩大办糟坊，大规模生产“丹阳黄酒”，并恢复传统名酒“百花酒”（即“封缸酒”的前身），用自家酿酒下来的酒糟淋醋，满足本地市场需要。因这四家是亲戚内眷，且有一定的财力，又有经商经验，很快在贤桥西北处周家坊内重组了“福源糟淋坊”，大规模生产“丹阳黄酒”，又称“百花酒”。并用酿酒下来的酒糟制醋，注册“老寿星”牌号。由于注重质量，讲究工艺，很快百花酒畅销四方。同治九年（1870年），镇江府以百花酒敬贡朝廷，得到皇帝赞赏。宣统二年（1910年），老寿星牌百花酒参加南洋劝业会，以绝佳的品质荣获头等奖。黄酒和醋因质量上乘，生意兴隆，1935年“福源糟淋坊”拥有120余名职工。

从民国开始的，由于引入西方的科技知识，尤其是微生物学、生物化学和工程知识后，传统酿酒技术发生了巨大的变化。人们懂得了酿酒微观世界的奥秘，生产上机械化水平提高，劳动强度大大降低，酒的质量更有保障。

（四）鼎盛期：中国琼浆，丹阳名片

1949年后，丹阳酒厂经过50年的发展与变迁，完成了从手工作坊到机械化生产的变革。生产规模逐步扩大，产品质量稳步提高，产品信誉以及知名度在同行中跃居前列。多次在全国质量评比中获得殊荣。作为丹阳酒厂的一块金字招牌，“旦阳牌”封缸酒在我国黄酒界中也居于高位。它曾获国家银质奖和金杯奖、首届中国黄酒节特等奖、中国食品博览会金奖和全国黄酒名牌产品奖等荣誉。

1989年，江苏省举办了“丹阳封缸酒诗词大奖赛”。1700余首诗词争奇斗艳，荟萃一堂。

为了将这一特色产业做大，打出品牌，政府对丹阳酒厂进行了改制。2013年8月，将原企业更名为“江苏省丹阳酒厂有限公司”，以激发其发展活力，并实施退城进区战略，增强其发展潜力。

据江苏省丹阳酒厂有限公司总经理（原丹阳酒厂厂长）许朝中介绍，目前，他们在荆林开发区建立新厂区，力求凤凰涅槃，打造一个国内知名、省内一流的黄酒、封缸酒生产基地。

三、传承族谱

封缸酒现代酿酒师传承人主要为：邱维汉、束学清、贡荣发、赵新华、许朝中。

许朝中，现为国家级非物质文化代表性传承人、国家黄酒高级酿酒师、国家黄酒高级技师。

四、制作工艺

丹阳封缸酒酿制工艺繁杂，技术要求高，因需长期封缸陈酿而成，故名“封缸酒”。酿造工艺独具一格，它特制纯种小曲和自制麦曲为糖化发酵剂，采用传统工艺精工酿造而成。其酒色棕红、琥珀光泽、酒气芳馥、酒味醇厚、鲜甜爽口，闻名海内外。

制作步骤：封缸酒为丹阳黄酒之高档产品，属浓甜性黄酒，亦以优质糯米为原料，采用淋饭法工艺精酿而成。其色、香、味独具一格，是中国甜黄酒的精品。其工艺程序与普通黄酒略有不同，不需加麦曲发酵。入坛封陈前也不需要煎酒，但需要在来酿后加米白酒破饭，抑制酵母酒化，保证醅中有较高的糖分以及其他营养成分。由于酒度糖度较高，难以被杂菌污染，故一年四季都可生产。

工艺程序：糯米→过筛→泡米→搭米→冲洗→蒸饭→淋饭→入缸→加药拌饭→搭窝→来酿→配米白酒→封缸→榨酒→淀清→入坛→封陈。工艺要求包括：米白酒必须纯真醇厚、劣酒不能用；封缸前酒醅要搅拌均匀，封缸时间100天以上；其余要求同普通黄酒、老陈酒。

丹阳黄酒特点可概括为：鲜、甜、醇、厚。陈年黄酒颜色为琥珀色至褐红色。封缸酒颜色为琥珀色至棕红色。

五、你知道吗

传说很久以前，江苏镇江一条街上有一口井，冒出的不是水，而是酒。这口冒酒的井冒出的酒又醇又香，十里以外都能闻到它的香味。所以这条街上酒店特别多，来喝酒的不要花酒钱，只要买些小菜就行了。因此每天来这儿喝酒的人也多了，这条街也就有了名气。

三国时，蜀国猛将之一的张飞路过镇江，一下码头就闻到酒香，馋得嗓子直发痒。一打听，说这儿有口酒井，他也顾不得“将士在外不得喝酒”的军令，来了就喝酒，一口一碗，一边喝一边喊：“好酒！好酒！”一口气喝了不知多少碗，人也瘫在地上不省人事了。这事被关公知道了，就气呼呼地跑来责问酒家，为什么要给他兄弟喝这么多酒。酒家说：“我们的酒是井里出的，不要钱，随便哪一位上门，都是想喝多少就喝多少的。”关公不信，世上哪会有冒酒的井和不要钱的酒？要店家带他去看看。他趴在井边往下一看，这井里的一股酒气直往上冲，他猛吸一口，浓烈的酒味冲得他直咳嗽，脸憋得通红通红。关公的大红脸也就因此而成。关公想：这酒不花钱，人们就会贪杯，这样不知要误了多少大事。

于是，他挥起青龙偃月刀，一下子把井劈成两半。井里的酒满街横流，成了一片酒的海洋。后来，据说这条街就叫“酒海街”。酒井里淌出的酒，顺着运河流到丹阳，丹阳家家户户用缸把酒封存起来。逢年过节，婚嫁吉日，或生孩子喝“三朝酒”时，才倒点出来招待亲友，这就成了后来丹阳有名的封缸酒。

相传一千多年前，隋炀帝到扬州看琼花。这个皇帝一年到头不理朝政，只晓得穷奢极侈地吃喝玩乐。他听说高丽女子很美，就命令驻高丽国（即现在的朝鲜）的使节，要高丽国护送一名美女给他做妃子，并且再带一些异国花草来供他与琼花比艳欣赏。

高丽国王得到信后，为了保持两国之间的睦邻关系，就派人分奔四处，挑选了一个绝色美女，名叫阿姬。又采集了不少珍花异草，移种在花盆里。然后备了一只大船，由一个使节护送美女和百花，渡黄海入长江，扬帆直驶扬州。当船近丹阳江面时，由于江道狭窄，两岸景色清晰可见，阿姬远离家乡，心中本来很忧愁，加上见到春光明媚的田野，对祖国的怀念更深了，就情不自禁地走上甲板眺望起来。

当时，丹阳练湖有一个水神，这天东海龙王请他去吃饭。吃过饭，在回家的路上，正好遇见了阿姬的船，他见阿姬紧锁弯月眉，微抿樱桃嘴，不禁产生爱慕之情。这时，他又听见水手在议论送亲的事，才知道这个天仙般的美人是隋炀帝要来的。心想：与其让她落入昏君之手，不如由我娶她为妻。可是拿什么聘礼回送给高丽国呢？水神想起刚才宴会上吃的酒，色美味香，清甜醇厚，作为礼品是最好不过了。于是他火速回头，向龙王贷了百坛仙酒，又把坐龙鸟变成龙船，叫虾兵蟹将扮作随从，为了试试阿姬的心，自己摇身变成隋炀帝的模样。

高丽船行到丹阳新丰河通长江的入口处，忽见迎面顺流下来一条金碧辉煌的龙船。不多时，两船靠拢，高丽使节真以为是中国皇帝亲自来迎阿姬的，慌忙过船大礼答拜。水神吩咐把仙酒抬过去以后，就要阿姬过来。哪知阿姬心里恨透隋炀帝了，早就准备见到隋炀帝时，以死相拒。这样既可让高丽使节交差，又可保住自己的贞洁。所以她上到龙船见了假皇帝，不拜也不笑，只是冷冷地望着江面。水神一见，心里称赞。但他装着发怒的样子，要阿姬拿出笑容在他身边侍候，阿姬不肯。他又叫随从去强拉她过来，阿姬见不死不行了，就挣脱随从的手，跑到船舷，指着假皇帝骂道：“荒淫无耻的昏君，高丽女子宁死不可辱，要我顺从你，除非太阳从西边出来。”说完，她纵身跳进了江水。一转眼功夫，龙船消失了，滚滚的波浪上，一只雪白的龙鸟驮着水神和阿姬，周围簇拥着无数鱼虾蚌蟹，把高丽船上的人都看呆了。水神抱着阿姬叫道：“阿姬投水跟我，我决不会负她，你们可放心去也！”

（编写：亭　亭）

一壶一碗一举觞：绍兴黄酒

项目名称	绍兴黄酒酿制技艺
项目类别	传统手工技艺
保护级别	国家级
公布时间	2006年
所属区域	浙江省绍兴市

一、项目简介

黄酒是世界三大古酒之一，源于中国，且唯中国有之，可谓中国酒界的活化石。我国的黄酒产地较广，品种很多。但是被中国酿酒界公认、在国内外市场最受欢迎、能代表中国黄酒总的特色的，首推绍兴黄酒。

绍兴黄酒因酿坊所处位置与操作技巧的差异，分“东帮”和“西帮”两大流派。地处绍兴城东斗门、马山、孙端、皋埠、陶堰、东关等地的酿坊为“东帮”；城西东浦、阮社、湖塘等地的酿坊为“西帮”。

二、历史渊源

早在《吕氏春秋》一书中，就出现了绍兴黄酒的身影。此后，绍兴黄酒的芳名在各类历史文献中屡有出现。王羲之、白居易、贺知章等文人名士也都与黄酒有不解之缘，留下许多脍炙人口的篇章。

清代饮食名著《调鼎集》对绍兴酒的历史演变、品种和优良品质进行了较全面的阐述。当时，绍兴酒已风靡全国，在酒类中独树一帜。

（一）萌发期：迎流共饮，箪醪劳师

绍兴黄酒生产历史非常悠久。据《吕氏春秋》记载，越王勾践出师伐吴时，父老向他献酒，他把酒倒入河中，与将士们一起迎流共饮，历史上称之为“箪醪劳师”。至今，绍兴城南犹存“投醪河”。醪是一种带酒糟的浊酒，当时史书所记载的酒，指的就是这种酒。这也是绍兴酒的雏形，但可能还未能表现出现今绍兴酒的特色。

及至西汉末年，王莽篡汉时，确认官酒原料与出酒比例为“粗米二斛，曲一斛，得成酒六斛之斗”。这个比例与现今绍兴加饭酒所用原料与成酒数量比例大致相同。可见今日的绍兴酒，在某些酿造方法方面是承袭西汉以来的传统再加以发展的。

东汉是绍兴黄酒在品质上的一个转折点，当今绍兴酒为人所称道且无法取代的水源——“鉴湖之水”，便源于东汉。到了公元140年，会稽太守马臻发动民众围堤筑成鉴湖，把会稽山的山泉汇集到湖内，为绍兴地区的酿酒业提供了优质、丰沛的水源，也奠定了绍兴黄酒名闻中外的基础。

（二）发展期：山阴甜酒，曲水流觞

魏晋南北朝时，绍兴黄酒中的“女儿红”已然成形。这个时期很多著作都为绍兴黄酒流传后世打下基础。

北魏农学家贾思勰在《天工开物》第六十四篇《造神曲并酒》中，详细记录了制曲与酿造、保存与饮用方法。可见当时酿酒的工艺已受到重视，而被人写入书中以便流传后世。

西晋时期的文学家及植物学家嵇含所著《南方草木状》，不仅记载了黄酒用酒曲的制法，还记载了绍兴人为刚出生的女儿酿制花雕酒，等女儿出嫁再取出饮用的习俗。由此可知，当时酿酒已普及到家庭中。

另外在南北朝时，绍兴黄酒的口味也有了重大演进。经过了一千多年的演进，绍兴黄酒已由越王勾践时的浊醪，进步成一种甜酒。现在的绍兴酒都是略带甜味的。由此可知，绍兴酒特有的风味在南北朝时就已形成。

最早以绍兴地名作为地方名酒之名，当推南朝梁元帝萧绎所著的《金缕子》，书中提到“银瓯一枚，贮山阴甜酒”，其中山阴甜酒中的山阴即今之绍兴。

晋穆帝永和九年（353年）农历三月初三上巳之日，“书圣”王羲之偕同当时的天下名士谢安、殷融、孙绰、阮裕等四十余人，在江南水乡绍兴的会稽山之阴、兰亭曲水之滨，共襄名垂青史的曲水流觞修禊盛会。众名士置身于崇山峻岭、茂林修竹之中，众皆列坐曲水两侧，将酒觞(杯)置于清流之上，任其飘流，停在谁的前面，谁就即兴赋诗，否则罚酒。这也许称得上魏晋名士最富文学色彩的一次雅聚。

据说，王羲之酒醒之后欲重写《兰亭集序》，但均与曲水流觞宴上黄酒微醉之时写就的那篇传世佳作相去甚远。这其中绍兴黄酒之于王羲之的作用，不言自明。“曲水流觞”和《兰亭集序》也就成为绍兴黄酒的历史殊荣之一。

到南北朝时，绍兴黄酒已经颇负盛名，被列为“贡品”。

（三）成熟期：酿酒作坊，比比皆是

唐宋时期绍兴酒进入了全面发展的阶段。唐朝著名诗人如贺知章、李白、杜甫、白居易、孟浩然等，都与绍兴酒结下不解之缘。名人的推崇喜爱，带动了绍兴酒在文人雅士之间的流传，提升了绍兴酒在社交场合中的地位。

宋朝连年征战，政府需要更多经费来应付军事支出，因此为了增加税收，朝廷方面鼓励酿酒，这个政策让黄酒产量大增。但产能提高还要有人买才行，因此政府还要想方设法提高酒的销售量，最后连烟花女子也被派上用场，用以引诱民众买酒。在政府的鼓励与提倡下，原本已有深厚基础的绍兴酿酒事业自然是更加发达。据《文献通考》所记载，北宋神宗熙宁十年（1077年），天下诸州酒课岁额，越州(即今绍兴)列在十万贯以上的等级，较附近各州高出一倍。由此可知，绍兴在当时已是十分知名的酒乡。

宋朝的黄酒酿造，不但有丰富的实践，而且有系统的理论。我国现代的黄酒酿造，继承和发展了宋朝的理论和传统。在我国古代酿酒著作中，最系统、最完整、最有实践指导意义的酿酒著作是北宋末期成书的《北山酒经》。

（四）鼎盛期：天下一绝，声誉远播

明清时期，可算得上绍兴黄酒发展的第一高峰。不但花色品种繁多，而且质量上乘，确立了“中国黄酒之冠”的地位。当时绍兴生产的酒就直呼“绍兴”，到了不用加“酒”字的地步。

明中晚期，惊人的社会生产力让绍兴的酿酒业登上了新的高峰。最明显的例子是大酿坊的陆续出现，绍兴县东浦镇的孝贞酒坊、湖塘乡的叶万源、田德润等酒坊，都在这时期建立。当时的酒坊资金雄厚，有宽大的作场，又有集中的技术力量，甚至有负责行销的业务人员，这些业务人员被称为“水客”。

彼时，绍兴酿酒业的原料采购步入商业化阶段。为了提升产量，酒坊不得不透过水路，向苏南丹阳、无锡等产粮区大批收购糯米作为原料，以扩大生产规模。因而无论是生产规模、产能，还是经营方法等方面，都让过去一家一户的家酿或零星小作坊望尘莫及。明代的绍兴酿酒业，可以说正式步入了商业化的时代。

到了清朝初期，绍兴酒的行销范围已经遍及全国各地，各大酿坊如雨后春笋陆续成立。现在在上海被评为最受欢迎的王宝和老酒，就是在乾隆九年时设坊开始酿造的。那个时期开设的酿坊，很多到现在还是很活跃。

因为酿坊越来越多，绍兴黄酒的市场开始出现混乱，名称之多让人无所适从。为了改善此现象，各大酿坊开始协商。绍兴黄酒的品项、规格和包装自此开始系统化，基本上统一成“状元红”“加饭酒”“善酿酒”三类。而包装名称也因销售地区的不同而有区分。销北方的，一般称为“京装”；销南方的称为“建装”或“广装”。为了扩大和便利销售，有些酿坊还在外地开设酒店、酒馆或酒庄，经营零售批发业务。

清代设立于绍兴城内的沈永和酿坊，以独创的“善酿酒”享誉海内外。康熙年间的“越酒行天下”之说即是当时盛况的最好写照。

自清末到民国初年时期，绍兴酒声誉远播中外。民国时期由于酒税的加重，酿户大大减少。大酿坊在减少产量的同时花力气提高质量，保证质量。1915年，绍兴酒参加在美国旧金山举办的巴拿马太平洋万国博览会，“云集信记”酒坊的绍兴酒获得金奖。1929年在杭州举办的“西湖博览会”上，绍兴“沈永和墨记”酿坊的“善酿酒”荣获金奖。1936年在浙赣特产展览会上，绍兴酒又获金奖。多次获奖，使绍兴酒身价倍涨，备受青睐，生产与销售不断发展。

中华人民共和国成立后，党和国家领导人都非常关注和喜爱绍兴酒。1952年，周恩来总理亲自批示拨款，修建绍兴酒中央仓库，并多次向外国友人介绍推荐绍兴酒。绍兴酒还先后五次作为国礼被赠予柬埔寨、日本、美国等国家领导。邓小平对绍兴酒情有独钟，晚年时每天都要喝上一杯。1988年，绍兴酒被列为钓鱼台国宾馆唯一国宴专用酒。1995年5月，时任总书记的江泽民亲临中国绍兴黄酒集团，品尝绍兴酒后对随行人员说：“记住，这种酒是最好的酒！”并嘱咐，“中国黄酒天下一绝，这种酿造技术是前辈留下来的宝贵财富，要好好保护，防止被窃取仿制”。1997年，绍兴酒成为香港回归庆典特需用酒。2015年9月，中国国家主席习近平访问美国期间，绍兴黄酒还被摆上时任美国总统奥巴马宴请习近平主席的白宫国宴。绍兴黄酒如同一个特殊的“文化使者”，见证着中国与各国的友谊。

三、代表性品类

绍兴黄酒品种繁多。它们既有绍兴黄酒共有的甘洌芬芳、橙黄澄洁的特色，又各具独特风味。绍兴酒的主要品种有元红酒、加饭酒、善酿酒、香雪酒四大类型。

元红酒：又称“状元红”。因过去在坛壁外涂刷朱红色而得名，是绍兴黄酒的代表品种和大宗产品，是干型黄酒的典型代表。此酒发酵完全、含残糖少、色泽橙黄清亮，有独特芳香，味爽微苦。

加饭酒：绍兴黄酒中之最佳品种，是半干型黄酒的典型代表。加饭，顾名思义是与酒相比，在原料配比中，加水量减少，而饭量增加。由于醪液浓度大，成品酒度高，所以酒质特醇，俗称“肉子厚”。此酒酒液像琥珀，深黄带红，透明晶莹，郁香异常，味醇甘鲜。

善酿酒：绍兴黄酒之高档品种，是半甜型黄酒的典型代表。以存储1至3年的元红酒代水酿成的双套酒，深黄色。其香芳郁，质地特浓，口味甜美。此酒在清代由沈永和酿坊创始。该坊在酿酒的同时酿制酱油，酿酒师傅从酱油酿制中得到启发，即以酱油代水做母子酱油的原理来酿制绍兴黄酒，以提高品质，得以成功。所以，善酿酒是品质优良的母子酒。

香雪酒：以陈年糟烧代水用淋饭法酿制而成，是一种双套酒，也是甜型黄酒的典型代表。酒液淡黄清亮，芳香幽雅，味醇浓甜。陈学本《绍兴加工技术史》记述：1912年，东浦乡周云集酿坊的吴阿惠师傅和其他酿师们，用糯米饭、酒药和糟烧，试酿了一缸绍兴黄酒，得酒12大坛。试酿成功后，工人师傅认为这种酒由于加用了糟烧，味特浓。又因酿制时不加促使酒色变深的麦曲，只用白色的酒药，所以酒糟色如白雪，故称香雪酒。

四、你知道吗

绍兴黄酒色泽黄澄透亮，令人喜爱。在其三千余年的发展史上，曾有许多别称，它们或直露通俗，或含蓄隽永，生动地表现了绍兴酒的特征和在群众中的影响。

老酒——这是民间对绍兴酒最普遍的称呼。因为绍兴酒的品性是越老越醇，越陈越香，故称。南宋诗人范成大《食罢书字》诗中有“扪腹蛮茶快，扶头老酒中”之句，在诗后，他自注云：“老酒，数年酒，南人珍之。”可见，“老酒”之名至少在南宋已经出现。

黄封——绍兴酒用黄泥封坛，如是贡酒则加以黄罗帕封口，故称“黄封”，“黄封”后也泛指美酒。苏轼《与欧育等六人饮酒》诗：“苦战知君便白羽，倦游怜我忆黄封。”

黄汤——本是民间对黄酒的一种蔑称，在绍兴一带尤其盛行。《元曲选·硃砂担》：“我则是多喝了那几碗黄汤，以此赶不上他。”

迷魂汤——喝酒过多，醉醺醺，昏沉沉，像迷了魂一样，于是绍兴民间就称酒为“迷魂汤”，称醉饮者为“喝了迷魂汤”。绍兴一带妇女见丈夫酒醉回来，往往骂道：“死胚，哪里灌了迷魂汤？”

后反唐——《薛刚反唐》的故事在绍兴民间颇受欢迎，影响很广。为区别于“瓦岗寨反唐”，绍兴人称之为“后反唐”。绍兴酒饮时润和，而后劲强烈，故以“后反唐”称之。

福水——绍兴酒营养丰富，具强身健体作用，一般老百姓认为有条件常饮酒是人生之福，因此称酒为“福水”。

绍兴——这是以名产地作为酒的别名。梁绍壬《两般秋雨庵随笔》中说：“绍兴酒各省通行，吾乡之呼之者，直曰‘绍兴’，而不系‘酒’字……俱以地名，可谓大矣！”旧时一些文学作品、友朋书函中也常常不系“酒”字而直呼“绍兴”。

名士——清代著名诗人袁枚，自称性不近酒但深知酒味。他拿绍兴黄酒与烧酒相比，认为绍兴酒堪称“名士”，而烧酒像个“光棍”。

（编写：金　言）

第三章 糕·点

月饼翘楚：杏花楼

项目名称	杏花楼广式月饼制作技艺
项目类别	传统手工技艺
保护级别	上海市级
公布时间	2007年
所属区域	上海市黄浦区

一、项目简介

在上海人心目中，杏花楼几十年如一日，就像一个老朋友，亲切而又值得信赖。

杏花楼广式月饼制作技艺是上海市杏花楼的汉族传统手工技艺。早在1928年，福州路343号杏花楼，已是前店后工场的小作坊。杏花楼月饼的主要特点有饼皮松软，馅心油酥光亮、细腻、幼滑，入口清甜、醇香，口味纯正。

登陆上海近百年，杏花楼传统的豆沙、莲芸、椰蓉、五仁已成为“四大金刚”。杏花楼最有名的杏花楼豆沙必用海门的特级大红袍；莲芸一律用湖南通心湘莲；椰蓉来自海南的特级椰丝；五仁中的榄仁来自广东西山；杏仁来自新疆北山；核桃则用云南头箩核桃，其用料十分考究。精细的制作工艺，是杏花楼月饼成功的最大奥秘。

每年中秋，杏花楼月饼均占据上海月饼市场总销量的半壁江山，并出口美国、日本、澳大利亚等国家。为更好地与国际市场接轨，引进国际标准，在生产上运用HACCP经营管理控制体系和全面贯标ISO9001:2000版，使中国的传统食品跃上新的科技平台。

二、历史渊源

广式月饼是随着粤籍移民进入上海而在沪上发展起来的。清咸丰元年（1851年），广东人“胜仔”来上海淘金，创建了杏花楼的前身，首年便以主营广东甜点和粥类打开局面。1928年起，杏花楼除了餐饮，还开始试制月饼。自此以后，历经杏花楼人一代一代的千锤百炼，杏花楼月饼所具有的外型美观、色泽金黄、软糯润滑、口味纯正、香甜适口的鲜明特色逐渐形成，尤其，以久放软糯不改的出众口感而闻名于世。经过几代人近百年的积累，杏花楼月饼的独特配方已成为经典品牌资产。如今，杏花楼玫瑰豆沙月饼已有第四代传人徐惠耀和第五代传人沈全华。

（一）萌发期：四马路上的粤式风味

福州路的餐饮大多是广州人兴起的。西餐馆主要食客是洋行里的小白领。而宵夜馆，则成就了日后的“杏花楼”。这里毗邻外滩，洋人下班后拥到上海总会去吃喝，而华人则就近挤向了四马路（今福州路）。至于茶楼，其规模就更甚于大马路（今南京路）了。根据1928年上海公共租界茶房名录记载，四马路上的茶楼数量几乎是大马路上的3倍。

位于四马路343号的杏花楼酒家，以广东菜肴为特色，创立于1851年。以广东茶点、小吃为特色的“杏华楼粤菜馆”，起初仅有一开间的门面。一次，墨海书馆的秉华笔士王韬应邀来此喝茶。在座的商文两界朋友提请王韬另起一个叫得响的店名。王韬略加思考，便随口吟了唐代诗人杜牧的一首脍炙人口的诗：“清明时节雨纷纷，路上游人欲断魂。借问酒家何处有？牧童遥指杏花村。”吟毕说，不如以杏花楼替代杏华楼，当即举座叫绝。这一改，不但与原名谐音，而且其中蕴含的诗意切合了四马路报馆、书社云集之地的雅趣。

从此，一开间的门面辟成了两开间。民国初年来沪经商的广东人增多，生意也越来越兴隆。店中招牌“杏花楼”三字，沉郁稳重，磅礴大气，为清朝末科榜眼朱汝珍1930年所题写。

后来，易主经营，改名杏花楼菜馆，并扩建装修门面，建筑颇有广东风味。并在对面望平街(今山东路口)，又开设了一家杏华楼西菜馆。

辛亥革命后，杏花楼招股集资成立股份有限公司，进一步扩大店面。将原屋翻造成七开间门面的钢筋水泥建筑，并关闭杏华楼，在三楼设西菜厅，饭店面积发展到3500平方米。当时《申报》载文称：四马路杏花楼，为著名粤菜专家，烹调适口，招待周到，内部布置，尤为富丽，以故政商各界，凡有宴会，大都在杏花楼。

1927年，名厨李金海出任杏花楼的经理。走马上任之初开始大刀阔斧进行改革，首先招股成立股份制，并将杏花楼店面扩建，次年便以前店后工场的作坊形式开始了纯手工方式制作广式月饼。杏花楼的月饼选料考究、操作认真、色泽均匀、印纹清晰、皮薄馅丰、酥香可口、享有盛名。花色月饼还冠以嫦娥奔月、西施醉月、月中丹桂、月宫宝盒、三潭印月等名称，风雅别致。

杏花楼的装潢格局古色古香、高贵优雅，曾吸引了一批批的工商界、军政界人士，如李宗仁、汪精卫、孙科、陈公博、黄金荣、杜月笙等，解放后仍不乏身份特别的宾客迎门。

（二）发展期：选料严谨工艺科学

月饼原材料好坏是产品质量的关键。当时李金海经理就组织人员，到全国著名产地选购优质原料，为形成杏花楼月饼的鲜明特色，奠定了基础。

与此同时，杏花楼的名师精心钻研和不断探索广式月饼饼皮的口感。经过不断的研究试验，总结出月饼饼皮口感的关键要素在于熬制糖浆的浓度。当时因无计量器具测量，故只能凭经验靠肉眼观察。然后将烧制好的糖水再储藏15天以上，使其转化成果糖和葡萄糖。在制作饼皮时按一定配方比例投料，将面粉、糖浆、碱水拌和均匀，用力搓透。使面团柔软、光滑，再醒发半小时，这时的饼皮可塑性强，包馅成型不粘手，不搭印模。

主要的馅心有：豆沙馅、莲蓉馅、五仁馅和椰芸馅。选料和制作也各具特色：杏花楼月饼在包馅成型时，先分摘饼皮和分档秤馅心，要求大小均匀。然后用手掌将饼皮揿扁，形成四周稍簿中间略厚的圆形，顺手拿起放于手掌，包入馅心，双手不断转动，逐渐包拢收口即可。将包好的月饼生坯收口处朝下置，稍撒干粉，以免成型时粘印模。包馅时应注意皮馅均匀、不露馅、干粉不易使用过多，同时还应注意包馅速度，以防走油（即沉油）。月饼成型用手工操作，印模采用硬质木材，成型时印模内略铺些干粉，左手将包好的月饼生坯放入印模内，封口处朝上，用手掌揿实，不让饼皮溢出来造成露边。然后用右手拿起印模在案板上敲2至3下，用左手接住敲出来的月饼生坯，将之顺手放入烤盘内。同时注意每只间隔距离大致相等，排列整齐。

杏花楼月饼最初采用平台式烤炉，炉膛大，可放长方形烤盘11盘，烘烤前先用柴将炉膛烧热再用长柄木板挑进挑出。烘烤前先在月饼生坯面上洒些清水，主要缓解进炉时因高温抢火，月饼表面花纹容易着色的情况。当烤到淡金黄时就取出刷蛋，刷蛋时用排笔蘸少许蛋液均匀地刷在饼面上，然后将刷好蛋液的月饼再次送入炉内继续烘烤直至成品色泽棕黄，周边乳黄微凸呈腰鼓状，即可取出冷却装箱。

1997年9月7日，杏花楼将70余年历史的广式月饼制作工艺和配方收集整理后，在企业、银行、公证处三方代表监督下，藏进了浦东发展银行的保险箱。这套珍贵的配方资料，涉及独特的月饼配方工艺109个，并融合了杏花楼几代人的心血和经验，使之成为杏花楼独家拥有可以世代相传的知识产权。

（三）成熟期：推陈出新保留经典

杏花楼月饼，历经百年不衰的魅力，就在于能在长时间的推陈出新中保留经典。杏花楼月饼既坚持传统的制作工艺，又不断融入新的元素，增添了香辣牛肉、奶油柳丁、鲍翅月等新口味。如今的杏花楼月饼，色香味俱全，使杏花楼月饼达到了经典与时尚交融的崭新意境，从而保持鲜明的产品特色，声名远播。

月饼不仅是杏花楼的核心产品，更是杏花楼的家底。为此，杏花楼不断对月饼生产线进行调整，更新部分设备，特别加强对包装的监管，并科学制订生产方案。生产上加大对每个环节的监管力度，从而能真正出品“放心月饼”。

在做大杏花楼月饼的同时，杏花楼正在进一步进行全方位、多元化的拓展。坚持“大众精品”食品的定位。但产品绝不粗制，大众产品也应该做成精致的“大众精品”，要“拿得上手，送得出手”。

手工技艺传承是老字号的根本特点，杏花楼没有摒弃传统的手工技艺，最高档的月饼还是沿用手工生产模式。

杏花楼月饼每年的出口量都要达到100万美元左右。其中，最受海外华人喜爱的还是“四大金刚”。1996年，杏花楼4万盒月饼首次进京，一炮打响，创下了销量1800吨、产值8600万元的历史新高。

（四）鼎盛期：现代化的月饼生产企业

2005年，杏花楼在浦江镇投资1.8亿，建造6万平方米的新型加工基地，引进日本制造的全电脑控制的食品加工线十余条，开始采用流水线生产月饼。这条流水线完全按照杏花楼16道传统工艺量身定制，从和面到成品出炉，各类配比分毫不差。严密的流水线操作，月饼的风味一如既往。从过去的作坊式、前店后工场，发展到如今的工厂化、机械化、自动化流水线生产，杏花楼小心翼翼地平衡着传统工艺与技术进步的关系。技术创新使老字号实现了从前店后工场向现代化规模型工厂的战略跨越。

光生产出月饼还不算，要送到消费者手上，物流这关自然要过。杏花楼的物流配送中心就在杏花楼食品厂旁边。该物流配送中心采用德国进口风冷式独立单间库房设计，中央数据处理，监控中心统一控制，24小时记录每个库房温度、湿度。杏花楼的物流监控系统可远程监控各分公司的工作执行情况，可随时查看物流配送中心进出仓、分拣、配货、装卸货物的运行状态。对于运输车辆的行驶线路，由GPS全程跟踪。

如今，杏花楼除了确保“杏花楼”月饼在全国市场中的龙头地位外，将多元化开拓销售渠道和网络，全面扩展杏花楼的餐饮业、食品业等。目前，以杏花楼旗舰店为龙头，营销网络遍布全市及长三角地区。

三、代表性产品

豆沙月饼：先将赤豆拣去杂质，清洗干净，倒入铁锅内煮酥，然后逐渐过细筛。过筛时一边用手搓擦一边用清水冲洗，将细沙漏入布袋里，除去豆皮。再把五六成满的细沙布袋绞干水分，即成细沙，然后把细沙倒入铁锅内，加上糖用大火铲煮（当时用柴板烧火，后不断改进为煤油炉、煤气），双手不断用铲刀搅动以免焦底。当水分收到一定范围改用中火。蓉沙落油是关键，油加得过早水分过多不易吸入会造成太软，油加得过晚水分偏少会造成蓉沙粗糙不细腻，还会产生渗油现象。所以，要掌握水分的干湿度，适时加入油脂，加油时还要分批加入，不可一次完成。50斤赤豆为一锅，铲煮时间在2个小时以上。这样的豆沙月饼，从中间掰开，可见豆沙乌亮、细腻、幼滑，品质上乘。

椰蓉月饼：莲蓉馅，铲制过程基本和豆沙一样，但莲蓉铲制时间比豆沙要长，一要去皮去心，二火候不能太急（因为火力大易变深褐色）。

五仁月饼：先将果仁原料拣去碎壳杂质，然后加入蜜饯、糖玫瑰、山西汾酒、花生油等原辅料，用清水拌和均匀，醒放15至20分钟，使其干果馅料滋润，然后加入糕粉拌和即可。这样五仁百果月饼就软硬适中了。

莲蓉月饼：椰丝采用海南岛的半压榨椰丝，略带油脂，香味浓郁，再经过手工铲煮，加入鸡蛋、奶油、炼乳搅拌均匀，即可成为可口香浓色泽金黄的椰芸馅心。

四、你知道吗

杏花楼月饼俨然上海人的中秋象征，几乎家家都有马口铁皮月饼盒。年年中秋前福州路上人山人海的长队，就是上海人的中秋情结。杏花楼月饼之所以傲立上海滩半个多世纪，很大一个原因是杏花楼的豆沙。

说起杏花楼的豆沙，有这样一个故事。一般公认最好的广式月饼在广州、香港。而广州、香港的月饼生产厂家是不做豆沙的，原因是杏花楼的豆沙已做到极致。有一年莲香楼的林经理来到上海，尝过杏花楼的豆沙月饼后大为震惊，带回去再三研究，反复仿制，就是达不到杏花楼的水准。最后他决定放弃豆沙，转而将目标对准莲蓉，誓将莲蓉做到极致，于是粤港各大厂商纷纷响应，造成了今日的格局。

那么为什么杏花楼的豆沙那么好吃呢，也许跟它的制作工艺脱不了关系。

早年杏花楼全部用大铜锅手工铲沙，据全国唯一荣获月饼师称号的师傅回忆：全部选用海门的大红袍赤豆洗净，浸泡煎熟去皮后，倒入大铜锅中，用铜铲慢慢地炒制。这种豆沙粒粗饱满、皮薄肉厚、粉质细腻、口感特别醇厚；随着赤豆渐渐地被炒成沙，水分也在不断被蒸发。此时就要将精制花生油少量地加入再炒；如此往复5次以上，水与油来了个乾坤大挪移，水分被煸了出来，油却逐渐渗透到豆沙中，这时的豆沙香、糯、软、酥，入口即化。

（编写：陈　宁）

点心状元：王家沙

项目名称	王家沙本帮点心制作技艺
项目类别	传统手工技艺
保护级别	上海市级
公布时间	2007年
所属区域	上海市静安区

一、项目简介

王家沙点心店，是一家中华老字号的上海餐饮点心店，以生产中式传统小吃而闻名，有“上海点心状元”之称，隶属于上海梅龙镇(集团)有限公司。总店位于上海南京西路805号。

始建于1945年的王家沙，创始人姚子初原为上海著名报馆《申报》的广告科科长。当年他经过观察发现，生煎馒头这类大众点心很受市民欢迎，遂萌生开点心店的想法。

王家沙点心的特色是纯手工制作，并首创了蟹粉汤团。走进店堂就像进入一个“透明的大厨房”，糕团区、汤团区……几乎每个区的窗口，都能看到师傅们如表演般娴熟的手工包制技术。

手工制作完全是项技术活。就拿点心大王蟹粉汤团来说，不是像甜馅汤团那样双掌一搓就搓圆了，而是如包小笼包子一样收口捏褶子，还要带个尖的长蛋形。难度完全在于馅的质地，如果是豆沙黑洋酥，馅心紧实，可以先搓成药丸样，再嵌入糯米粉皮子里，搓搓就成了；而蟹粉肉馅因为要追求开口一包汤的效果，所以馅心很嫩很润，不能事先搓成型，包裹的时候更不能用搓的手法，因为馅心“撑”不起来，对手里软硬劲的要求就更高了。

近年来，王家沙更是通过多种渠道和方式，挖掘濒临失传的上海传统小吃梅花糕、油墩子、老虎脚爪等，唤醒了一大批消费者儿时的记忆。正是这种持之以恒、改革创新的精神，使得多款点心获得“中华名点名小吃”的称号，“王家沙”也成了响当当的金字招牌。

2001年，改制后的王家沙，正式挂牌上海王家沙餐饮有限公司，先后兼并多家沪上知名点心品牌，加快了扩展的步伐。除对南京西路总店进行整修，使其以旗舰店的姿态重新亮相外，还在上海开设了8家直营连锁店，又陆续打进香港和日本的餐饮市场，在香港开设5家分店，日本横滨开设1家分店。

60多年来，王家沙在弘扬民族品牌，传承中华美食上孜孜以求、不断进取，不仅成为百姓餐桌上的美味，更让“中华名点”走出上海、迈向世界。

二、历史渊源

“王家沙”始建于民国，是专门以制作各种酥饼、糕团为主的点心“小店”。然而，其风味与特色，绝对能够与1851年开设专门以制作广东风味特色菜为主的“杏花楼”，以及以川扬菜肴和淮扬细点为卖点的“绿杨邨”相媲美。这个现今早已走进寻常百姓家的“上海点心状元”，又是怎样一路走来的？

（一）萌发期：姚子初创办王家沙

上海小吃汇苏锡杭之特色，以蒸、煮、炸、烙为烹饪基础，它的口味既不同于粤港地区的纯甜味，也有别于四川、重庆的麻辣味，以清淡、鲜美、可口著称。但人们为什么把一些喜欢吃的小零食叫作“点心”呢？

相传东晋时期有一大将军（一说是南宋初的梁红玉），见到战士们日夜血战沙场，英勇杀敌，屡建战功，甚为感动，随即传令烘制民间喜爱的美味糕饼，派人送往前线，慰劳将士，以表“点点心意”。从那以后，人们便将各种美味糕饼统称为“点心”，并且沿用至今。

1941年12月8日，太平洋战争爆发，日军进驻上海的英法租界。1942年，日军突然查封《申报》。同年12月，日军以“军管会”的名义接管《申报》，并任命汉奸陈彬和为社长。时任《申报》广告科科长的姚子初心怀正义，不愿受其控制，就此离开《申报》。

离开《申报》后，姚子初在其亲戚邹氏开设的一家灯饰店入股，走上经商之道。1945年，灯饰店经营困难，邹氏携款逃亡。姚子初决定将灯饰店重整。当时，生煎馒头这类大众点心颇受欢迎，姚子初看在眼里，想开一家点心店。1945年4月，王家沙点心店在灯饰店的原址南京西路805号正式开张。

那么，如何取个既能体现特色，又能说明自己“小店”位置的店名呢？在今天的南京西路和石门二路一带，过去有一个叫“王家厍”的村落。1899年西方列强大规模扩展公共租界，王家厍被划入租界，因此只有当地的居民才知道这个地名。姚子初便设想用“王家厍”作为自己小店的店名。沪语中“厍”字与“舍”“沙”谐音，其又是冷僻字，考虑到寻常百姓不一定认识，为使店名不被误读，遂将“厍”字改成“沙”字谐音，最终命名为“王家沙点心店”。

（二）发展期：位居宝地，质量以鲜取胜

王家沙所处区域过去有一个旧上海非常有名的高档游乐场——“张园”。当时的游乐场“张园”因其内部环境优雅，设有电影院、歌舞厅、中西餐馆等，一度人流汹涌，更是一些政治人物频繁活动的场所。孙中山、蔡元培等都曾在这里发表过演讲。后来随着附近大世界等游乐场所的开张和兴盛，“张园”日渐衰落。1918年，“张园”寿终正寝，其所在位置被动拆迁改造成了上海最高档的里弄住宅。随后的几年，周边又陆续建造了静安、德义、同孚、泰兴等许多高级公寓和别墅，从而使原本择地“张园”的“王家沙点心店”一时成了“黄金宝地”上的“点心店”。依托这样一块“赚钱的宝地”，王家沙的生意越做越好。

除占有地理位置上的优势外，当时的老板姚子初不断在经营理念上出绝招。其第一招是“笑”。“笑一笑生意俏”的口号，就是其当时实施的法宝。为了这个“笑”，他还高薪聘请了三名“上海滩上很有名气”的招待员，专门做顾客的接待工作。其中一人，专门在大门口见客人进门就朗声笑迎；另一人送茶水递毛巾，让顾客有宾至如归的亲切感；同时，在顾客坐好座位后，再一人端上碗碟，送上点心。这些在今天看来不足为奇的招数，在当时却颇为新鲜。第二招“鲜”，王家沙在质量上以鲜取胜，选用的鸡肉为当天活杀的草鸡，虾仁均为活河虾，猪肉采用刚宰杀的猪腿精肉，保证食物新鲜美味。很快在上海滩聚拢了颇高人气，并形成虾肉馄饨、蟹粉生煎、豆沙酥饼、两面黄这四款特色点心，即王家沙的“四大名旦”。由此，王家沙成为上海家喻户晓的小吃地标之一。

（三）成熟期：推陈出新，变革中求发展

1956年，在公私合营的大潮中，王家沙变身为合营企业。后经过历次变迁，“王家沙”成为国有品牌。即使在“文革”年代，王家沙的点心依然保持很高的制作水准，受到上海各阶层大众的好评。

王家沙点心用料讲究、制作精细、风味独特。如有“小笼馒头大王”之称的蟹粉小笼，选用大闸蟹为原料，每天现拆蟹粉，用老母鸡熬制的高汤拌制而成，皮薄馅鲜，汤汁香浓，咬下去一包蟹油，吃起来满口流香。“汤团大王”的蟹粉汤团堪称一绝，外糯内鲜，汤汁饱满。“八宝饭大王”的王家沙八宝饭更是糯香可口。蟹粉小笼，以蟹肉、猪肉为馅料制作，王家沙的小笼皮薄、肉鲜、汁水多、蟹粉味道浓、美味。虾肉馄饨是汉族传统小食之一，王家沙的馄饨皮薄肉多，做工精细，馅料丰富，内有猪肉、鸡蛋、虾仁等。据说，用的还是鸡汤。

20世纪80年代后期，王家沙点心坚持以上海点心为本，又结合江南点心风味变化出新，博采众长，兼收并蓄，自成一格，形成小笼、生煎、馄饨、汤团、面等八大系列，海派点心上百种。1992年，时任中共中央政治局委员、上海市委书记的吴邦国来店视察并提笔“发扬特色，饮誉天下”。

（四）鼎盛期：王家沙点心走向海外

2001年，王家沙改制成立上海王家沙餐饮有限公司，先后兼并了沪西状元楼、友联生煎、红甜心等上海知名点心品牌，在王家沙小吃店中首创了蟹粉汤团。本世纪初，王家沙在经营上不断扩展，对南京西路总店进行了改造，并在上海开设8家直营连锁店的同时，于2002年在香港开出5家分店，打进香港餐饮市场。2003年，日本电视台来店拍摄他们手工制作的精彩片段，在东京早间新闻中播出。同年，王家沙将分店开往日本横滨。

2005年年底，南京路的总店以王家沙旗舰店的身份重装登场。为此，王家沙从市郊和苏州、常州等地找来了若干有绝活的点心老师傅，推出了米饭饼、苔条粢饭糕、老虎脚爪、桂花糖粥等10多种上海滩小吃。新增的糕团摊专门从无锡请来老师傅现场表演蒸、煎、炸赤豆糕，看得人馋涎欲滴。更神奇的是，还请到了一些曾经红遍上海，现在已经歇业的店家的老法师助阵，并且对他们的绝活进行了改良，如在盛利的炒面上加了牛肉，将红榴村的肉丝黄芽菜春卷改良成了蟹粉春卷，把红甜心的特色面创新成上海最细的汤面。

2008年，王家沙的点心制作被评为上海市非物质文化遗产。2012年，获评“香港饮食大王”之“上海点心天王”。2008年，成为皇冠出版社美食指南——蔡澜常去食肆150间之一。2006年，获评饮食天王颁奖典礼“京川沪组”之“上海点心天王”。

入驻北京的王家沙，店内的室内设计概念均着重于舒适优闲及高雅的空间。除了各款精致点心外，王家沙还聘用顶级上海师傅创造出了多款不同种类的特色小菜。

在香港，由于王家沙开设于名店林立的黄金地段，因此经常吸引大批城中名人光顾，如：钟楚红、狄波拉、查小欣、曾华倩、张玉珊、叶童等，就连甚少回港的叶玉卿都曾是座上宾。

三、代表性产品

蟹粉生煎：生煎馒头是王家沙赖以成名的传统点心，是在上海颇受欢迎的点心，王家沙生煎是含有猪肉冻的混水生煎，吃口香，鲜卤多。

两面黄：两面黄是王家沙的招牌炒面，也已成为上海炒面的代名词。面条煎至两面金黄出锅，再把虾仁、肉丝等料作为浇头淋上，由此得名。王家沙的“肉丝两面黄”曾获得上海饮食协会的“上海特色面”。

蟹粉小笼包：蟹粉小笼的馅，采用新鲜蟹粉、猪肉，按照一定比例配以调味料搅拌而成。将坯用精选面粉、水按照一定比例和成。然后，用擀棒擀制成圆形，中间稍微厚，四周稍薄的小笼皮。在包制过程中，要求折裥条纹清晰，馅心居中不偏，上笼必须开水，成熟不漏底。蟹粉小笼的大小，坯和馅的重量均有一定的要求。

八宝饭：八宝饭的馅是将红豆加少许水煮熟，去壳，然后加油、糖，加热，不断翻动。坯采用精选糯米，淘洗后浸泡，浸泡时间根据天气冷暖来确定，不得少于12小时。将浸泡好的糯米蒸熟，用猪油、糖、开水不断搅拌，再冷却。将豆沙馅包在糯米当中，撒上果料。糯米饭软滑不夹生，豆沙居中，成品圆整，面上果料不松散。

四、你知道吗

对于上海市民来说，正月十五的晚上要吃上老字号的汤圆才算“团团圆圆”，老字号汤圆也因此受到市民的热捧。王家沙点心店的蟹粉汤团，更是很多上海人心目中的“元宵味道”。王家沙点心店几十年来一直坚持手工制作上海人心中的“老汤圆”。这里的汤圆由师傅们全程手工制作，现做现卖。虽然产量比不上机器，但是他们做出来的汤圆比流水线上的汤圆更多了一份“温度”和记忆。为了市民们能在元宵节吃上记忆中的“老味道”，王家沙点心店的师傅们在一周前就开始加班加点包汤圆。

17岁就进入了王家沙制作汤团的周师傅，已是一位有着丰富经验的“老师傅”了。只见他揉面、捏褶儿、和馅、成型，整套动作如行云流水般娴熟，由他制作的汤圆个个匀称饱满，宛如一个个艺术品。据周师傅介绍，王家沙的汤圆不像传统的汤圆是圆形，而是椭圆形，因此在这个皮上就很有讲究，每个汤圆皮都有18个褶儿。不仅皮有讲究，元宵节蟹粉汤团的馅也和平时蟹粉汤团的馅不一样，都加了一颗饱满Q弹的虾仁，可以说是元宵特供。元宵节前一周，周师傅每天早上七点便准时上班制作汤圆，在操作台前一坐就是12个小时，为的就是能让食客们在元宵节这天吃上他们喜欢的“老味道”。

（编写：月　兰）

余味无穷：凯司令

项目名称	“凯司令”蛋糕制作技艺
项目类别	传统手工技艺
保护级别	上海市级
公布时间	2007年
所属区域	上海市静安区

一、项目简介

创建于1928年的凯司令，至今已有88年历史，取这个名字是为了纪念北伐战争的胜利。这是中国人自己开的第一家西餐店，也是上海滩第一家做栗子蛋糕的西点房。

凯司令传承德式蛋糕制作技艺，已有近90年历史。在传承的同时，还不断推陈出新，研制了以栗子泥为糕坯的奶油栗子蛋糕，创制了蛋糕的立体裱字技艺，以独特的口感和丰富的造型，在业界获得较高声誉。

上世纪20年代的旧上海，上流社会、影艺商界的名流都以吃西餐为荣。一时上海滩西餐西点业大盛，但这些西餐业几乎全由洋人垄断。为了与洋人角逐市场、一比高下，1928年，林庚民、邓宝山两位中国商人在当时的静安寺路（今南京西路）与莫尔鸣路（今茂名路）交界处，开了一家西餐馆，命名为“凯司令西餐社”。半年后，“凯司令”由胡福森等八位西点厨师集体经营。为了使这家当时唯一由中国人经营的西餐馆，在十里洋场的上海滩占有令人瞩目的一席之地，胡福森等人便向当时在德国人开设的飞达西餐馆制作蛋糕的一流技师凌庆祥求救。凌大师建议他们经营具有中国风味的西式蛋糕，并亲自制作了样品。

由于凌家父子的加盟，当时“凯司令”的蛋糕制作不仅擅长于各种模具造型的创造，还注重蛋糕裱花的技艺，制作的各种花卉和动物，造型栩栩如生，呼之欲出；图案色彩高雅，娇艳灵动，立体感强，尤其是师傅们一手漂亮的英文字，飘逸潇洒，更令人赞叹不已。“凯司令”的蛋糕以糕胚松软、肥糯细腻、甜度适中、花纹精致在沪上西餐界异军突起，吸引各界人士争相购买，使其在西点行业中享有盛名。

上海解放后，为了适应市场需求，“凯司令”在石门二路50号建立了上千平方米的制作工厂，从作坊制作向规模生产迈出了重要的一步。解放初期，“凯司令”的师傅们在工艺上进行研发，并首次开发了栗子蛋糕，多年来一直被评为部优产品，至今仍深受消费者青睐。

二、历史渊源

近一个世纪过去，凯司令仍然是上海人过年少不了的甜蜜味道。放眼整个上海，曾经名噪一时的西点店，至今兴盛的只有凯司令。这不是没有理由的——面粉、奶油、栗子、裱花，每一处细节都充满上海的气质，把西点技艺做成了代表上海的非物质文化遗产。“凯司令”蛋糕的发展大致经历了以下几个阶段：

（一）萌发期：时尚催生“凯司令”

上海第一家中国人开的西餐馆为何起名“凯司令”？这里有两种说法。其一，是当时有一位下野军阀鼎力帮助发起者租下了门面，取该店名有感谢司令相助之意；其二，是当时正值北伐军凯旋，国人爱国热情空前高涨，取名凯司令有纪念之意。当然，其中也包含了希望在商场上做“常胜将军”，表达了欲与洋人一比高低，争雄西餐业的信心与勇气。而店名的上海话连读，又像是洋文发音，正切合经营西餐西点的内涵，可谓别具一格。

在创办之初，凯司令的立顿柠檬下午茶已十分有名。然而，创办者仍嫌不足，特地聘请当时的西点名师凌庆祥来制作西点。凌庆祥是在德国人开设的飞达西餐厅制作蛋糕的一流华人技师，他到凯司令后，还把“左右手”两个儿子带了过去。凌庆祥功底之深厚，西餐业中无出其右；长子凌鹤鸣能精工制作各类蛋糕模具和玲珑剔透的花篮；次子凌一鸣的裱花技艺鬼斧神工，制作各种花卉和动物都惟妙惟肖。

凌家父子加盟后的凯司令，蛋糕独具特色，成为当时社会的“网红产品”，获得“吃蛋糕到凯司令”的美誉。

彼时，在南京西路上，从茂名北路到西康路一带，开着十多家西餐和咖啡馆，除了凯司令，还有皇家、DDS、丽娜、康生、泰利和飞达等等，其中飞达是凯司令的直接竞争对手。凌家父子跳槽后，飞达的德国老板耿耿于怀，把天津起士林西餐馆的老乡请来上海，在愚园路常德路开出起士林分店，但不久就败下阵来。

上世纪三四十年代的凯司令门面不大，上下两层，“凯司令”原为两个门面，上下两层，铺面一个门面做门市，一个门面做快餐式的堂吃生意，很有老派咖啡室的样子，正如《色•戒》中所写，“只装着寥寥几个卡位”，楼上情调要好一点，“装有柚木护壁板，但小小的，没几张座”。栗子蛋糕、芝士鸡丝面和自制的曲奇饼干是其镇店之宝，当年这里也是电影演员、作家等文艺圈人士经常光顾的场所，张爱玲及好友炎樱也常去。张爱玲超级喜欢吃蛋糕，她写自己和炎樱总约在咖啡馆坐聊，“一人一份奶油蛋糕，另加一份奶油，一杯热巧克力……”。

（二）发展期：首创立体裱字技艺

凯司令的蛋糕上少有插片和水果，就靠裱花做足功夫。吃凯司令蛋糕不为填饱肚子，裱花用来赏心悦目。当年，凌庆祥的次子凌一鸣首创富有民族特色的立体裱字技艺，“松鹤延年”图流行了半个多世纪。后来，在为棋王谢侠逊百岁寿辰特制的蛋糕上，凌一鸣的嫡传弟子边兴华裱上了老棋王封棋时下的那盘棋，传为佳话。裱花全靠手上功夫，没有一两年锤炼不能上手；还要有审美细胞，懂得谋篇布局，比如一个圆蛋糕，哪里写字、哪里画图，或者7只松鹤在蛋糕上怎么分布，都有讲究。据说如今很多五星级酒店的蛋糕师傅都不会裱花了，而凯司令仍然坚守着传统。传承人陈凤平曾经应客人要求在给孩子的生日蛋糕上裱奥特曼，现场操作，裱了1个多小时；而另一位传承人杨雷雷也练就了一身看家本领，即雕花：白毛糖雕一朵玫瑰花，或者用杏仁膏捏一朵康乃馨，装点在蛋糕上，花瓣娇艳得好像在微微颤动。

（三）成熟期：精致好吃健康

上世纪60年代后期，凯司令曾改名为“凯歌食品厂”。上世纪80年代初恢复原名。改革开放后，凯司令在纪念路400号创建了2000多平方米的现代化厂房，成立了烘焙研究所。1993年，定名为凯司令食品有限公司。现为梅龙镇集团旗下四大餐饮品牌之一。

在凯司令，和白脱蛋糕齐名的是栗子蛋糕——不是市面上随处可见的只在尖尖上放一小撮栗子泥的那种，而是实实在在的全栗子蛋糕。栗子蛋糕并非从德国师傅那里学来，而是上世纪50年代凌家父子的独创：把刚上市的栗子炒熟，去壳剥肉，加糖研磨成泥，代替面粉做成糕坯，再戴上一顶鲜奶或白脱做的“小帽子”，有绵细温润的口感，融合了栗子香与奶油香。

《色·戒》一书曾对栗子蛋糕有专门的描述，而在电影版中，王佳芝就是在凯司令里焦虑地抹着香水。栗子蛋糕是这里的招牌，是将近一个世纪不变的难忘味道，坚持无添加，软糯香甜，挖一小口便融化舌尖。

凯司令是精致的。它总能从细节里找到变通的办法，在保留传统技艺的同时让自己变得更好。几十年前，国内没有低筋粉，凯司令的蛋糕师傅在富强粉里加入一定比例的玉米淀粉，降低了面粉的筋度，让糕坯更加细腻。后来，为增加糕坯的松软度，又独创分蛋打法，把蛋黄和蛋白分开打发后，再和面粉拌在一起——这么做的好处，不仅好吃，还健康，因为鸡蛋是天然的乳化剂。

让吃客们津津乐道的三层夹心工艺，也是为了让蛋糕更加软糯而开发出来的。这个三层夹心，也有故事：早先夹的是忌廉沙司，就是把鸡蛋、牛奶和淀粉烧成面糊再拌进白脱油，吃口糯，可惜容易变质；后来就改进，把糖液烧开之后冲在打松的鸡蛋里，加入打发的白脱油，吃口滑爽，品质也有了保障。

当初的种种创新已经成为经典和传统，而今凯司令的餐单上不断有新品加入，推出的乳酪蛋糕、摩丝蛋糕、提拉米苏等，已成为年轻人喜爱的品种。

（四）鼎盛期：品位和浪漫的代名词

在上世纪下叶的鼎盛时期，凯司令在上海人心目中曾是品位和浪漫的代名词，是一种身份的象征。一般人家的孩子，能到凯司令坐一坐或买个点心，绝对是“超前消费”的美好时光。逢年过节，凯司令则成为不少上海人家买蛋糕的首选之地。

但是，除了味道灵光，当时的凯司令给人的印象仍然是门面小、光线暗。后来，随着大批港式、台式西饼店的涌入，人们在选购西点时有了更大的空间。凯司令曾经一度因为装修陈旧和品种变化较少，而受到小资白领的冷落。进入新世纪，凯司令总店进行了全面的装修改革，仍保留吊灯、餐桌等最初的样式，桌布和餐布巾上印着大大的“K”字花纹，并推出多种新品来满足市场需求。重新装修的西餐厅店面精致，可同时容纳40余人。西餐厅一到下午常常客满，特别是栗子蛋糕，每天供不应求。

有这样一个故事：一位上海知青，插队去了西部。此后每年回上海探亲，假期结束时都要买几块凯司令蛋糕装在背包里，好像把家装进了行囊。有一年，他因故回不来，托朋友帮着买，朋友搞不清状况，买了其他店的蛋糕带过去，他只咬了一口就说味道不对。有人把这个故事讲给凯司令蛋糕制作技艺的传承人杨雷雷和陈凤平听，两人哈哈一笑：“不要说其他店的，就是我们，只要奶油换一换，凯司令的老顾客都吃得出来。”

几十年来，凯司令逐渐发展成为西点、西餐、咖啡综合型西式点心食品公司，这期间饱含沧桑，也创造了辉煌。凯司令这一美誉也早已远扬海内外，成为上海人自言“口福不浅”的一句赞语。凯司令食品有限公司还扩大加盟店的发展，如今，全上海已经有40余家凯司令加盟店。凯司令的奶油裱花蛋糕、维纳斯精致饼干，两度被国家商业部授予金奖，采用先进工艺、先进技术开发研制的西式多味干点系列深受广大消费者喜爱。

三、代表性产品

栗子蛋糕：凯司令的栗子蛋糕，以栗子为糕坯，在外层裱上厚厚的白脱鲜奶。从前吃口偏硬，后来加入鲜奶，变得香甜醇厚，吃起来满满的栗蓉淡香在口腔弥散开来，细腻绵长，叫人喜欢。

白脱蛋糕：不少吃过凯司令蛋糕的人，总记得那第一口的味道，并且在后来的岁月里执着于这种味道；而凯司令在蛋糕制作上的严格传承，成全了他们的执着。这里顶出名的是白脱蛋糕，白脱是英文butter的音译，就是奶油——准确说来，是乳脂含量在八成以上的纯天然奶油。不同产地的纯天然奶油也各有特点：美国奶油颜色偏白，香醇度适中；澳大利亚奶油膻味相对重些；新西兰奶油奶香醇正，最合上海人口味……所以，从1928年创立至今，凯司令的白脱蛋糕用的都是从新西兰进口的纯天然奶油，连供应商都没换过。这样的严格传承，造就了老顾客在口味上的精明与执着——是不是凯司令的蛋糕，吃一口就知道。

四、你知道吗

南京西路1001号，是一些上海人常常要去的地方。下午3点，日头正劲，从车水马龙中脱身出来，一脚踏进门去，瞧着地上大大的K字拾阶而上，就到了三楼的凯司令咖啡馆。几乎每张餐桌都有客，好不容易在角落找到一张空位，才坐下，穿着白衬衫、系着黑领结的中年女服务员就走过来了，笑盈盈用上海话招呼："小姐侬好，请问要点啥？"

布置是简单的：单色桌布，印着暗花纹的座椅和沙发，奶白色的蛋糕碟和塑料小勺。座中多是白发长者，三三两两，闲谈说笑。"都是几十年的老主顾，以前都住在这附近，后来搬走了，但还一直来，有自己的习惯，比方冷天要白脱蛋糕，热天就点鲜奶蛋糕。"咖啡馆经理说："你看窗边那个老伯伯，84岁了，住在花桥，每周还来两次。早上先去德大西餐社，中午到下午在这里，晚上再去一家，怀旧一日游；你再看一号桌那位，他现在是一个人，到了4点钟，约好的朋友就来了……"

在凯司令，时间像是凝滞的，就这么坐着说着，最初尝到的味道，似乎从来没有变过；只是，岁月终究匆匆而过，那滋味里累积着时光的重量。

（编写：薇　薇）

薪火相传：南翔小笼

项目名称	南翔小笼馒头制作技艺
项目类别	传统手工技艺
保护级别	国家级
公布时间	2014年
所属区域	上海市黄浦区、嘉定区

一、项目简介

南翔小笼以“皮薄、馅大、汁多、形美”著称，是上海市首批非物质文化遗产之一，入选第四批国家级非物质文化遗产。从百余年前诞生至今，南翔小笼名声日盛，凭借的是严格传承的手工制作技艺。比如每一只小笼都要捏出18个褶子，这不仅是为了好看，更有实际的作用：一来是褶子够多，小笼顶头就不会堆一坨厚厚的面粉；二来小笼皮薄馅多，像粽子糖那么大小的一团8克面皮要包进14克馅料，就靠这些褶子。每一只小笼包都是一个手工艺品。南翔小笼好吃，关键在馅料，馅料里的汤是正宗南翔小笼最特别的地方——别处的小笼包是水汤，只要两三小时就能做出来；而南翔小笼用的是花费十几个小时熬制的皮冻，搅成颗粒后拌进馅料，上锅蒸的时候再慢慢化成汤。别小看这皮冻，经验足够才能掌握火候，冻得太硬，蒸的时候肉馅熟了冻还没化开；冻得不够，小笼还没包就化开，会把馅泡烂。

南翔小笼馒头制作技艺薪火相传，140多年来传了六代，上海古猗园小笼餐厅李建钢在1997年成为该技艺的第六代传人。

李建钢在2000年制订了南翔小笼的制作标准和规范、2012年成立李建钢工作室、2013年于上海大众工业学校开设学习班，为南翔小笼馒头制作技艺储备人才。眼下，近20名年轻人已娴熟掌握南翔小笼馒头的制作技艺，成为下一代传承人的中坚力量。

二、历史渊源

南翔馒头初名“南翔大肉馒头”，后称“南翔馒头”，再称“古猗园小笼”，现叫“南翔小笼”。现在的南翔小笼有好多品种，如鲜肉小笼、野菜小笼、菌菇小笼等，不过最有名的，还是蟹粉小笼。店堂里坐着一溜串的拆蟹高手，据说每天要拆两三百斤大闸蟹，看高手拆蟹也成了游客的观赏项目之一。南翔小笼的发展大致经历了以下几个阶段：

（一）萌发期：黄明贤改良“大肉馒头”

清初嘉定县南翔镇有家日华轩糕团店，店主黄明贤生于咸丰二年（1852年），系杭州上四乡农家之子。同治元年（1861年）冬，太平军占领杭州后，他随军来到南翔。翌年，太平军撤退时，他流浪在外，后由日华轩糕团店黄老板收养，改名明贤。同治十一年，黄老板病死，明贤继承日华轩产业，并将糕团店发展为兼营馒头、馄饨、面条的点心店。

当时，店里有个糕团师傅陈和，做出来的糕团既软糯，又甜而不腻，远近闻名，生意特好。有一次，有个老主顾对陈和说：“为什么不做点咸的呢？”一句话让黄明贤、陈和开了窍，两人合作研制新产品。考虑到南翔经济繁荣，百姓比较富裕；南翔又是个商业大镇，南来北往的商人比较多，他们都对饮食的要求比较高，要成功必须在“精”和“特”上下功夫。经过对“大肉馒头”进行改良，采取“重馅薄皮，以大改小”的方法，反复试验，终于研制出了皮薄、馅丰、汁多、味鲜、形美的南翔小笼。除了鲜肉小笼外，还随一年四季变化在肉馅里加点鲜货，如初春笋尖末、初夏虾仁、秋天蟹粉等，其味道更加鲜美。它和淮安的汤包相比，小巧玲珑形态美；和天津狗不理包子相比，皮薄，口味更适合南方人。

光绪二十六年（1900年），黄明贤儿媳的表弟吴翔升，又在上海城隍庙开设了“长兴楼”，即今天“南翔馒头店”的前身。为了区别于其他地方的馒头，遂称南翔馒头。20世纪60年代，上海市商业局广泛征求意见，考虑到它的诞生地和制作特色，正式命名为南翔小笼。

（二）发展期：南翔小笼制定严格的操作工艺

正宗的南翔小笼有特定的工艺流程和规定的原料。原料包括面粉和猪肉。规格如下：每斤面粉必须制作100只馒头，面粉不发酵，用清水和面，要揉得起劲有韧性；肉馅精肥适度，每只小笼馒头限重约三钱，一只馒头流出的鲜汁能淌满一小碟底；面皮薄，呈半透明状，外形像荸荠，要求有十几道裥纹；小笼包上笼蒸时严格控温、压力和火候，根据温度调整3至10层的笼屉高度，旺火沸水蒸5分钟，（少上半分钟，则馅汁未熟，多上半分钟，则馅汁干涸），出笼时呈半透明状。戳破面皮，蘸上香醋，就着姜丝，咬一口南翔小笼，其肉馅里鲜美的汤汁，令人感觉余香在口，回味无穷。黄明贤对小笼的质量十分重视。每批馒头出笼先自行检验，如果一只馒头流出的汁水不满碟，则视为不合格，决不出售。

刚出笼的小笼馒头，油光闪亮、晶莹剔透，似明珠玉弹一般，放在笼格内像朵菊花，提起来是盏灯笼。

吃南翔小笼有个程式，“轻轻移，慢慢提，先开窗，后吸汤”。即先咬个孔，把汁吸去，但是不能烫伤口舌，又不能把小笼的皮弄破，真是一绝。作家梁实秋曾在《雅舍谈吃》一书里写道，“捏住小笼包的皱褶处猛然提起，轻轻咬破小笼包皮，把其中的汤汁吸饮下肚。而吃的乐趣就在那一提一吸之间”。

（三）成熟期：走进千家万户美名远扬

吴翔升在城隍庙开设的“长兴楼”，100多年来没挪过地方，新中国成立前，这里已美名远扬，“华人谈吃第一人”、已故著名美食家唐鲁孙慕名来吃过南翔小笼，赞其“上下四边厚薄擀得十分匀称，而且只只完整，绝不会一夹漏汤”。上世纪60年代，“长兴楼”公私合营，改名“南翔馒头店”，时至今日，已成豫园一景。

鲁迅先生的夫人许广平女士及学者曹聚仁、史学家方诗铭等都对南翔小笼很感兴趣，留下不少有关南翔小笼的趣事和佳话。笑星周柏春、歌星莫文蔚、球星姚明等都爱吃南翔小笼。很多来沪旅游的华侨或外籍华人，一下飞机就迫不及待地直奔城隍庙“南翔馒头店”，有的特地造访小笼馒头的发源地南翔，一续小笼情缘。有一次，姚明回国参加NBA“篮球无疆界”活动，火箭队队友海德也在来华球员之列。有人问起姚明准备带他去哪里逛逛时，姚明回答“城隍庙”，当被问到“带他去吃什么”，姚明脱口而出“小笼包”。

美国前总统克林顿、加拿大前总督纳蒂辛、前法国驻中国大使等都品尝过南翔小笼，他们盛赞既美又鲜。法国、德国、英国、以色列驻沪领事的家人相约来到南翔，亲自学习制作南翔小笼。有的把南翔小笼制作的全过程摄录下来，并要求买一批笼格回去学着做。

（四）鼎盛期：百年名品饮誉海内外

改革开放后，随着速冻食品的兴起，南翔小笼已从手工制作走向流水线批量生产。不仅走进了千家万户，还打入了国际市场。从1981年起，远销中国港澳、日本和东南亚等地。美国、英国、法国、加拿大和澳大利亚等国，凡有上海人的地方，基本上都有南翔馒头店，外卖内销生意兴隆。据说，日本东京六本目，市民要吃一客南翔小笼需要排近3小时的队。当地的《中国旅游指南》之类书籍都把到上海品尝南翔小笼作为旅游的一项活动内容。印尼巴厘岛的分店，被评为“最好的中国餐馆”；韩国首尔的分店，位列“当地最具影响力的中国餐馆”。

产品连年获得“中商部饮食业优质产品金鼎奖”“中华老字号”“中国特产精品”“日本速冻定点企业”等殊荣。2002年，南翔古猗园餐厅代表上海饮食业参加世界烹饪赛（中国菜）比赛。

三、传人故事

南翔小笼包第六代传人李建钢，初中毕业后的第一份工作，就是去古猗园餐厅学做小笼包。在那个年代做餐饮，不如分配去工厂。李建钢抱着“既来之则安之”的心态，默默从最基础的工作做起。一个小笼师傅独立操作起码需要三年，最重要的品质是吃苦耐劳。他从最基础的制馅、搭坯、包、蒸等环节一一学起。百年名点要保持美味，容不得半点懈怠。李建钢曾去日本东京考察开店事宜，他发现日本厨师制作中餐时按照规定的量值来操作，对团队也提出制订打馅的标准。“国内做小笼是‘园林工人毛估估’，技艺全靠师傅心口相传。”李建钢举例，比如加水都用碗作为衡量标准，这样每次做出的小笼口味难免有差异。

日本师傅的规定让他意识到，标准化更适用于小笼包的品质保证和制作传承。回国后，他按照量化要求制订了南翔小笼的馅料配方等标准，小笼包有了稳定的口感，销量翻倍增长。

一次，李建钢带团队去澳门参加美食节，南翔小笼以单一产品出击，却在100多家展示摊位中大受欢迎。“原先准备一两天的食材到下午六点全部卖完，主办方还‘警告’我们说，没到下班时间不允许提前收工。”他观察到国内外美食点心的品种有很多，“小笼包还可以开发出更多口味，在传承中创新，给食客更多的美食体验。”经过多年实践，他和团队开发了蟹粉、虾仁、干贝、鲍鱼、榨菜和藕碎等多种口味的小笼，同样受到欢迎。

与小笼包打了一辈子交道，在李建钢看来，制作小笼不仅仅是一份工作，更是对老祖宗留下的文化的一种继承。“上海是国际大都市，但对于生长于此的人来说，需要一片可回望的乡土，一份可寄托的乡情与乡愁。”一道本帮菜、一条小马路，都延续着上海独特的文化记忆。依托于南翔小笼，嘉定南翔镇开发了千桌万人小笼宴、老外学做小笼包等有特色的活动，延续小笼文化。在李建钢看来，南翔小笼的传承之路，需要更多年轻人的加入。目前，他培养了陈亦鸿、陈海云等近20名年轻人，还在商贸旅游学院、大众工业学校、南翔古猗小学设立3个工作室，传授国家非遗操作技能，弘扬中华民族饮食文化。

四、你知道吗

南翔小笼美味的关键是秘制的馅料。它的馅料以猪腿肉为主，手工剁成，不用味精，用鸡汤煮肉皮取冻拌入。同时，洒入少量碾碎的芝麻，以取其香。如果挑开小笼包的面皮，可以清楚地看到美味诱人的肉馅。所以吃的时候也有个名堂，叫“一口开天窗，二口喝汤，三口吃光”。

在老城隍庙南翔小笼包店的门前，食客永远排着长队，许多是慕名而来的游客。差不多要经过一个小时的漫长等待，才能等到渴望的美味。小笼包一笼十只，用松针铺底，不粘皮又清香。松针质朴的清香渗入小笼，是小笼包画龙点睛之处，实实在在地提升着小笼包的气质。做面皮的老师傅经验丰富，揪出的面团大小均等，还用食用油抹其表面，这样口感更好。包的时候手要向上拉，正常的褶要18个，它的优势是皮薄、肉嫩、丰满。蒸好的小笼包一个个雪白晶莹，如玉兔一般，惹人喜爱，咬上一口仍能保持有弹性且不沾牙的口感。

小笼制作技艺第六代传承人、南翔馒头店副经理游玉敏，她包的小笼，最小一张皮子直径只有5厘米。要用小小的皮包住大大的馅，秘诀全在褶子的包捏手法上。南翔馒头店的小笼都是18个褶子，这不只是图好看，更有实用的功能：一方面，褶子越多顶头越薄；另一方面，要把馅儿全包进去，就靠捏褶子。南翔馒头店做的小笼分两种：油坯和粉坯。油坯的皮子是用手按压出来的，吃口偏硬，厚薄不均匀，好处是制作速度快，一个师傅从压皮子开始，每分钟可以包四五个；粉坯的皮子用擀面杖擀压，吃口软，厚薄均匀，更要紧的是面皮可以擀得又薄又大，能裹进更多馅料，所以又叫精品小笼。无论油坯还是粉坯的，小笼包馅的分量都比皮子重：油坯小笼是9克皮子13克馅儿，粉坯小笼是9克皮子21克馅儿。关于南翔馒头店的小笼包，民间有很多传说，比如熬制皮冻的肉皮，据说要抹上老酒用小风吹到半干，这么熬出来的皮冻才汁多不腻。馅料由专人搅拌，猪肉、蟹肉、鲍鱼、香菇……不同的馅料搭配不同的调味品来吊出原味，用的绝对不是麻油、酱油、胡椒之类会覆盖食材原味的调味品；猪肉由专人定点采购，只挑选特定部位的，至于是什么部位，不能说；小笼皮子用高筋、中筋和低筋3种面粉按照一定比例搅拌而成，而这比例自然也秘而不宣。据说在店里，掌握这些核心机密的人不超过5个。

近几年，豫园商城内的南翔小笼，一年的营业额总和超过一亿元人民币，“一只馒头创造一个亿”的业绩被称为“中国饮食业的奇迹”。

（编写：劳　海）

春之馈赠：下沙烧卖

项目名称	下沙烧卖制作技艺
项目类别	传统手工技艺
保护级别	上海市级
公布时间	2015年
所属区域	上海市浦东新区

一、项目简介

烧卖在中国土生土长，历史悠久。最早的史料记载，在元代高丽出版的汉语教科书《朴事通》上，就有元大都(今北京)出售“素酸馅稍麦”的记载。该书关于“稍麦”的注说是以麦面做成薄片包肉蒸熟，与汤食之，方言谓之稍麦。麦亦做卖。又云：“皮薄肉实切碎肉，当顶撮细似线梢系，故曰稍麦。”如果把这里“稍麦”的制法和今天的烧卖作一番比较，可知两者是同一样东西。

到了明清时代，“稍麦”一词虽仍沿用，但“烧卖”“烧麦”的名称也出现了，并且以“烧卖”出现得更为频繁些。如《金瓶梅词话》中便有“桃花烧卖”的记述。《扬州画舫录》《桐桥椅棹录》等书中均有“烧卖”一词的出现。清代无名氏编撰的菜谱《调鼎集》里便收集有“荤馅烧卖”“豆沙烧卖”“油糖烧卖”等。

时至今日，现时各地烧卖的品种更为丰富，制作也更为精美。如河南有切馅烧卖，安徽有鸭油烧卖，杭州有牛肉烧卖，江西有蛋肉烧卖，山东临清有羊肉烧卖，苏州有三鲜烧卖，广州有蟹肉烧卖、猪肝烧卖等，都各具地方特色。

下沙烧卖起源于明代，是浦东南汇地区特色点心。因出自南汇下沙地区而得名。与普通烧卖以糯米为馅不同，下沙烧卖的烧卖皮用特殊擀面杖手工擀制，咸味烧卖以当季新鲜的春笋、鲜肉和秘制熬成的猪皮冻为馅料，甜味烧卖用豆沙、核桃肉、瓜子肉和陈皮橘制馅。这其中，笋肉烧卖最受欢迎。

2011年，由航头镇文化中心报送的“下沙烧卖制作技艺”成功入选浦东新区非物质文化遗产保护名录。2013年，在航头镇政府的大力支持下，“下沙烧卖”制作技艺传承基地正式成立。2015年，第五批上海市非物质文化遗产代表性项目名录和扩展项目名录正式公布，“下沙烧卖制作技艺”成功升格，成为市级非遗。在浦西连开分店，在历届桃花节、美食展上频频亮相，下沙烧卖正在成为全上海人身边的舌尖美食。

二、历史渊源

如今在下沙烧卖的原产地，烧卖店琳琅满目，除了下沙烧卖的鼻祖下沙老饭店烧卖，还有下沙烧卖有限公司出品的下沙烧卖、下沙德持烧卖、下沙老街烧卖、下沙二厂烧卖等等。

下沙烧卖，在浦东大地生根开花，如今又穿越浦江，成为沪上百姓喜爱的特色名点。其发展大致经历以下几个阶段：

（一）萌发期：一个真实而美丽的传说

下沙烧卖其名由来已久，相传源于明代。下沙烧卖不仅是一道时令美食，还与下沙地区的抗倭斗争史及民俗文化有密切关系。据《南汇县志》《民俗上海》《鹤沙文化》等书记载，南宋建炎年间（1127—1130），朝廷在今浦东航头镇下沙社区（古称鹤沙镇）建盐场并设盐监署。经济繁荣的鼎盛局面，招来了倭寇入侵。倭寇屡屡骚扰，令当地百姓深恶痛绝。当朝派兵邑居下沙抗倭，深受百姓拥戴。时逢新笋出土，乡民们用竹笋和肉做馅，包起了馄饨不像馄饨，饺子不像饺子的点心，上笼蒸熟。新出笼的犒军餐点美味异常深得将士们喜爱，有人问这是什么点心，乡人颇为风趣地回答："边烧边卖。""烧卖"由此得名。自此以后，每逢下沙3月春笋出土季节，"烧卖"便作为时令点心应市。

（二）发展期："桃红人面烧卖香"

下沙烧卖在各个时期都有所提炼、演变和改良，这离不开代代传承人经验的累积与不懈的努力。老字号"下沙饭店"为其传承发展做出了积极的贡献。解放以后，制作下沙烧卖的饭店、点心店仅下沙镇就有12家。公私合营以后，下沙烧卖成了下沙饭店的经营特色。

下沙烧卖在南汇地区流传百年，但直到上世纪90年代才得以登上更大的舞台。背后功臣就是"下沙烧卖"第三代传人、原下沙饭店经理周丽娟（她的师傅是钟雪鑫，而钟雪鑫的父亲则是如今能考证的下沙烧卖最早的传人）。周丽娟退休后，闲来无事，自己开了一家饮食店，专卖下沙烧卖，为了恪守新鲜春笋加瘦肉的馅料传统，每年，小店只在春笋上市的时节开门营业。

由于上市时间短，又坚持采用当地食材，几十年来，下沙烧卖的美誉始终局限于下沙一带。改革开放后，浦东南汇举办上海桃花节，周丽娟瞄准上海桃花节的大好市场，在游客纷至沓来之际，将"下沙烧卖"做得更加应景——烧卖皮子先由机器轧成，再用人工擀薄呈桃花形状；在传统制作方法的基础上，根据现代人不喜油腻的观念，改变了过去馅料油腻的配方，咸的采用春笋嫩料和精瘦猪肉辅以精油合成，甜的以炒制的大红袍赤豆细沙佐以陈皮橘等精制而成。成形的烧卖上笼旺火蒸

10分钟，即可端出，满街香味飘逸，大受食客青睐。吃过“下沙烧卖”的游客，无不为之赞叹：竹笋烧卖满口汤，白糖细沙甜心肠；中外游客齐青睐，年年三春想赏花；饱了眼福饱口福，桃红人面烧卖香。传奇式的下沙烧卖随之得以复活并声名鹊起。自此，下沙烧卖成了上海桃花节特色旅游产品之一。

（三）鼎盛期：打响品牌，穿越浦江

下沙烧卖做起来辛苦，利润薄，加之受到季节限制，曾一度隐没。扛起“下沙烧卖”革新大旗的是“下沙烧卖”第四代传人——周丽娟的女儿郑玉霞。她在传承母亲周丽娟精湛手艺的同时，十分注重品牌的维护打造，于1989年正式注册了“下沙烧卖”商标，并开办了公司。而将“下沙烧卖”打造成非遗项目，郑玉霞更是功不可没。为让更多的人尝到这一时令点心，她走街串巷地宣传推广，时常背着电饭锅，拿着烧卖满街跑。她走进工厂、学校、商店，自报家门，哪里有需要就放哪里蒸煮。她也曾借浦东南汇桃花节的契机，将“下沙烧卖”推广给更多的上海市民。

下沙烧卖制作技艺曾面临失传，除了利润微薄，还有另外两个主要的原因：其一，地域限制。“下沙烧卖”一度只在浦东南汇地区售卖。其他区县的市民，想要尝到这道“舌尖上的非遗”，需要长途跋涉。其二，“下沙烧卖”其中一味关键配料是春笋，对这种配料的依赖，让“下沙烧卖”在很长一段时期只能在3月到5月间上市。

下沙烧卖原先的影响力主要集中在浦东南片，2011年被列入浦东新区非遗保护名录后，在微博上名声大噪，吸引众多网友慕名而来。2012年，郑玉霞正式获得了“下沙烧卖”第四代传承人的“认证”。

如今，上大美院毕业的儿子顾郑一接过家族衣钵，成为“下沙烧卖”第五代传人。顾郑一毕业后曾在高校任教，可最终，还是抛不下这家族传了50多年的行当，辞职做起了“烧卖王子”。在顾郑一的推动下，浦东非物质文化遗产下沙烧卖制作技艺传承基地于2013年2月28日落户下沙。为了让更多的市民能在家门口品尝非遗美食，顾郑一走出浦东、来到浦西，先后在大连路、昌里路、天津路开设门店。他还施展所长，设计了店面装修方案，为公司量身打造了品牌视觉形象系统，设计注册了商标LOGO。一个出自乡间的小吃，开始走向正规的商业模式。

为了解决季节性供应的难题，郑玉霞用冬笋代替春笋，将下沙烧麦的上市时间延长为每年12月到次年5月。针对多数上海食客不喜油腻的特点，馅料中肥肉的比例下调，加入更多的瘦肉。此外，为了能让下沙烧卖真正一年四季营业，郑氏“下沙烧卖”新推出糯米烧卖等既适应市区居民口味，又可常年销售的新品，还在店里提供下沙汤圆、下沙青团、下沙重阳糕等多种时令点心，以及面条、馄饨等小吃，以辅养主，维护传统春笋烧卖的可持续经营。

除了拓宽销售渠道之外，郑玉霞还注重社会普及。她经常在传统节日中，亲自进社区、进学校，教人们做烧卖、品烧卖，在各种场合普及正宗的下沙烧卖制作技艺，每年服务数百人次。

下沙烧卖从下沙走出来，在浦东大地生根开花，又穿越浦江，成为沪上百姓喜爱的特色名点。每年下沙烧卖上市期间，每天要制作2到3万个烧卖，十几位手工师傅一起做，仍然供不应求。可以说，在不少食品类非遗项目青黄不接走向衰落之际，“下沙烧卖”走了一条品牌自建的道路。“下沙烧卖”的繁荣发展也为非遗走出了一条生产性保护的新路，其科学的商业运作模式值得其他风味小吃借鉴。

伴随知名度及商业价值的提升，“下沙烧卖”也面临着传承困境。诸多烧卖店家涌现，八仙过海各显神通。郑氏“下沙烧卖”在上海不过8家门店，结果从浦东到杨浦、长宁、静安等地，“下沙烧卖”分店比比皆是，有的还赫然在招牌下写着“非物质文化遗产”。下沙烧卖被模仿，说明这一品牌在市场中含金量不低；但同时，这也是下沙烧卖传承人极力想要摆脱的一种尴尬。

三、你知道吗

下沙烧卖制作技艺传承基地地处沪南公路5229号。早在1500年前，公路的路基就是当年的古捍海塘，东边是泱泱大海，茫茫芦荡。唐开元元年，海塘重筑后，下沙地区成陆面积逐渐增大，居民人口面积逐渐增加。历史上，下沙经济繁荣的鼎盛期距今有600多年，朝廷在此建盐场并设盐监署。许多盐商、盐官都聚集在这方风水宝地。著名的《熬波图》、南汇地区第一所私塾学校、第一本地方志都出自下沙。下沙地区一所瞿姓私人花园占地竟达300余亩，亭台楼阁、琴棋书画，应有尽有，下沙之繁荣可见一斑。经济的繁荣引来了倭寇的垂涎和侵袭，当朝决定派兵邑居下沙抗倭。

时任下沙盐场副使，家有千金，小名梅梅，年方十八，面若桃花，身姿婀娜，精通琴棋书画。上门提亲者络绎不绝，可她偏偏不服包办。有一年，梅梅和家人去逛三月廿八下沙庙会，被如潮的人流冲散，一只绣花鞋不知去向，她只能停靠在路边歇脚。此刻天色已晚，本地小伙阿根把梅梅背回了家。两人从此暗中往来，私定终生。其父知情后大怒，斥其有辱门风，千方百计予以阻挠。恰巧朝廷招募士兵，就设法将阿根派至前线。

梅梅获悉后，魂不守舍。十天半月过去了，梅梅难见阿根一面，她决定铤而走险，亲自到东海滩边探望朝思暮想的阿根。临行前，她拿出家里上好的肉皮熬成膏，将自己的片片真情揉进面团，擀出了如桃花瓣的面皮，剁上新鲜的猪肉，拌上鲜嫩的春笋，精心赶制烧卖，打起包裹，匆匆赶往东海滩边。她终于打听到了阿根的驻地，却得知心上人已中箭负伤，且三天三夜滴水未进，她深情地走上跟前，轻轻地呼唤着阿根，用手指蘸水湿润他干裂的嘴唇。听到梅梅的声音，阿根奇迹般地苏醒过来，见心上人就在眼前，恍如梦中不敢相信。他万万没想到，富家千金竟如此重情重义，不顾生命安危来到抗倭一线，只为见他一面，阿根激动起身想伸出双臂拥抱梅梅，怎奈浑身无力，差点又晕了过去。

梅梅拿出了捂暖的烧卖送到阿根嘴边，阿根吃上一口，即刻满嘴生津，渐渐地回过神来。三天后，阿根重披战衣，与战友们并肩抗倭。他叮嘱梅梅，早早回家，等待他凯旋的一天。

当父亲了解到女儿忠贞不渝的举措后，动了恻隐之心。梅梅母亲得知抗倭士兵的艰辛，说服丈夫捐出大量物资，又备了大量面粉、上百头猪加上几十筐鲜嫩的春笋，差人连夜赶往抗倭一线，沿途的百姓纷纷前来帮忙：炉子生起来，锅子架起来，面皮擀起来，馅儿拌起来……新鲜的面皮包裹着鲜肉和春笋，异常鲜美，士兵们赞不绝口，纷纷询问："这是什么点心，以后还会有吗？"百姓颇为风趣地回答："你看，这边烧边卖，就是'烧卖'呀！只要你们喜欢吃，我们随时都会做！"士兵们吃着美味的烧卖，精神焕发，士气大振，把倭寇打得抱头鼠窜，节节败退。倭寇被击败了，烧卖也闻名了，老百姓每家每户都包起了能给人带来吉祥平安的烧卖，庆祝抗倭斗争的全面胜利。几百年来，每逢节庆、家有喜事、甚至祭祖拜坟等，下沙烧卖都是必不可少的特色点心。

（编写：王晓琳）

古代延传的美食：周村烧饼

项目名称	周村烧饼制作技艺
项目类别	传统手工技艺
保护级别	国家级
公布时间	2008年
所属区域	山东省淄博市

一、项目简介

周村烧饼，因产于山东省淄博市周村区而得名，是山东省著名的传统美食之一。以传统工艺精工制作而成，为纯手工制品，有“酥、香、薄、脆”四大特点，富有营养，老少皆宜。其外形圆而色黄，正面贴满芝麻仁，背面酥孔罗列，薄似杨叶，酥脆异常。入口一嚼即碎，香满口腹，俗称“瓜拉叶子烧饼”。早在清代就是皇家贡品，现在更是我们国家的国礼。

周村烧饼这个词，其实是非周村地区人对来自周村地区的那种独特的烧饼的笼统称法。地道的周村人，一般唤其为“香酥烧饼”或“大酥烧饼”等。

据有关专家考证，周村烧饼制作历史悠久，至今已有1800多年的历史，可以追溯到汉代的“胡饼”。胡饼原为新疆地区的食品，在丝绸之路形成后，传入中原地区，而周村就是当时丝绸之路的重要源头城市。周村烧饼创始人郭海亭受到当时的美食糖薄脆和面薄脆的启发，取“胡饼”的薄、脆、香的特点，并加以改良，逐步发展出当时的“周村大酥烧饼”，即周村烧饼的雏形。上世纪80年代，邓小平、叶剑英等国家领导人视察山东时，也品尝过周村烧饼，对之印象深刻。周村烧饼几经工艺改造，如今已是驰名中外，家喻户晓，深受世界各国消费者喜爱。

周村烧饼有两个重要特点：“一是包容，它起源于今新疆地区的胡饼，后经丝绸之路传到内地，并和中原美食文化结合；二是创新，多次制作工艺的创新，才有了现在周村烧饼的美誉”。

二、历史渊源

周村烧饼的发展大致经历了以下几个阶段：

（一）萌发期：汉代“胡饼”流入周村

周村烧饼源于汉代的“胡饼”，东汉末年刘熙在《释名》一书中解释道，“饼，并也。溲面使合并也。胡饼，作之大漫沍也，亦以胡麻著上也”。溲，就是浸泡、和面的意思；“大漫沍”指形状大而平整；胡麻，即芝麻，相传张骞得其种于西域，故名。因此，从原料上看，胡饼就是覆以芝麻的面饼，这与今天的烧饼是一样的。

《资治通鉴》记载，汉桓帝延熹三年（160年）就有贩卖胡饼（即芝麻烧饼）者流落北海（今山东境内）。据史料记载，明朝中叶，周村商贾云集，多种小吃应时而生，用以贴饼烘烤的“胡饼炉”此时传入周村，当地饮食店户的师傅结合焦饼薄、香、脆的特点，加以改进，创造出脍炙人口的大酥烧饼，此即当今周村烧饼的雏形。

（二）发展期：“聚合斋”烧饼成贡品

清光绪年间，周村出现了一些烧饼作坊，“聚合斋”就是其中一家。相传，“聚合斋”烧饼店的郭云龙，发现马蹄烧饼上面鼓起的薄壳，酥脆喷香，食而不腻，于是就试制了一种酥烧饼。通过改进制作工艺，“周村烧饼”以全新的面目、独特的风味问世。清皇室曾屡次征购“聚合斋”烧饼为贡品。闻名天下的“八大祥”商号，每年都订购“聚合斋”烧饼，成箱发往全国各地的分号及外埠。来华的各国商人品尝后也争相购买，使这种地方小吃漂洋过海，走向世界。

周村烧饼用料简单，只需面粉、芝麻仁、食糖或食盐即可。但其加工有独特要求，配方、延展成型和烧烤是产品成败的关键，核心在于一个“烤”字。烤主要是看“火候”上的功夫，所谓“三分案子七分火”，若非名匠高手，烧饼质量难保上乘。

清末至民国，周村郭氏人家成为制作烧饼的唯一专业户。1880年后，“聚合斋”烧饼老店，首先启用纸包装，沿袭至今。

（三）成熟期：周村烧饼成为国礼

1951年前后，周村人曾以周村烧饼为礼品，慰问抗美援朝前线的中国人民志愿军将士。1958年公私合营，郭云龙之子郭芳林携祖传工艺和秘方，加入原周村食品厂。同年，周村人民政府代表全区人民向时任主席的毛泽东赠送过大酥烧饼。1979年大酥烧饼以“周村”作为商标进行注册，正式定名为“周村牌”周村烧饼。1983年周村烧饼被商业部、山东省命名为优质名特产品。1997年被中国烹饪协会认定为“中华名小吃”。1999年被山东省消费协会列为“向消费者推荐产品”“1999年中国国际农业博览会名牌产品”。

上世纪80年代，周村烧饼“走进”人民大会堂，成为外国元首和嘉宾喜爱的佳品。

上世纪90年代，为满足日益增长的消费市场，周村烧饼曾多次试验设备革新、隧道式机械流水化生产，终因生产出的烧饼硬而不酥、不易着麻而宣告失败。现在，周村烧饼只有“和面”和“烤制”环节“两头用电”，其他环节全部依靠手工制作。

别小看这薄薄一张饼，十多年来，“周村烧饼”可谓屡获殊荣。1997年被中国烹饪协会评为“中华名小吃”；2000年被国家贸易局评为“中国名点”；2001年被评为“山东省著名商标”；2002年被授予“国家无公害农产品”；2004年先后被评为“山东名牌”“山东免检产品”“国家绿色食品”；2006年被评为“中国驰名商标”，进入《首届国家级中华老字号品牌价值百强榜》；2007年作为国礼，被赠予来华访问的时任日本首相的福田康夫。

（四）鼎盛期：烧饼卖家成纳税大户

2000年，周村食品厂依法破产，这意味着周村人传承了上千年的独特制作工艺，面临失传的危险。不仅如此，数以百计的职工被迫下岗，需自谋生路。此时，一个叫张兆海的人，做出了改变周村烧饼命运的决定。他果断组织员工走股份制的路子，创立了现如今的“山东周村烧饼有限公司”，张兆海任董事长。开始了专业化规模生产，传承古法、严控质量，配方更为科学，设备更加先进，工艺更趋规范。传统配方和独特工艺，保证了周村烧饼优良的品质，酥香薄脆，老少皆宜，传承有序。

没有硬功夫，在市场上是没有立足之地的。为此，张兆海亲自登门将周村烧饼制作工艺仅有的几位嫡系传人请回公司，从根本上保证周村烧饼的“血统纯正”。张兆海还精选企业青年才俊拜师学艺，进行传、帮、带，并把烧饼的制作工艺书面整理存档，留作资料，从而传承和发展“周村烧饼”这门技艺。

在改善生产环境的同时，严格控制原材料的产地产量，保证制作烧饼的原材料品质优良；烧饼厂在张兆海的管理下，形成了以岗位、产量、质量考核为中心的一整套激励机制。就这样，周村烧饼有限公司不仅仅制定了一系列规章制度，分工明确，责任到人，向管理要效益，向质量要效益，以做精做强烧饼产业为目标，还以开拓市场为龙头，加大投入，扩大生产，开发新品种。与此同时，注重改进包装，提高文化品位，加强市场营销，市场占有率显著提高，销售市场由当地向省内外市场扩展，主要经济指标年平均递增30%以上，成为山东省食品生产骨干企业。最终，通过收购、兼并，山东周村烧饼有限公司在2010年实现了主产品销售收入突破6000余万元。经过十多年的风风雨雨，周村烧饼有限公司从破产前的欠税大户，成了淄博地区的明星企业。

2009年，张兆海又投资2000万元，建立了“周村烧饼博物馆”，把“非遗烧饼”做成古大街上能吃的文化，让游客把“周村”带回家。

在博物馆内，制饼师傅左手持面剂，右手旋饼，饼转如飞轮，转眼间，乒乓球大小的面团变成了薄如蝉翼的饼坯，用手轻轻揭起后迅速往摊满芝麻的木盘内一蘸，随即反托在右手指背上，直接送入240℃高温的炉膛……延展、着麻、贴饼，动作轻巧灵活，一气呵成，顷刻间，一张布满近2000粒芝麻的烧饼新鲜出炉。悠久的历史，精致的做法，使周村烧饼成了淄博美食的典型代表。

2011年，山东周村烧饼有限公司完成了8000万元的营业额，上缴国家利税750

万元。如今的周村，吸引着世界各地游客前来旅游，游客们来周村，必带走周村烧饼。周村烧饼走出国门，意味着鲁商文化走向海外。

三、代表性产品

周村烧饼薄如秋叶，形似满月；落地珠散玉碎，入口回味无穷。以小麦粉、白砂糖、芝麻仁为原料，以传统工艺精工制作而成，为纯手工制品，有“酥、香、薄、脆”四大特点，富有营养，老少皆宜。薄：在饼类中可谓“前无古人，后无来者”，如纸片之薄的烧饼，拿起一叠，有唰唰之响声，如风中之白杨。酥：又是一大特色，入口一嚼即碎，不咯不皮，失手落地，即成碎片。香：也是一诱人特色，入口久嚼不腻，越嚼越香，且回味无穷。脆：脆与酥相辅相成，脆酥合成，给人以美好难忘的口感，可使人食欲大增。

周村烧饼有咸、甜两味，甜的香甜可口，久食不厌；咸的开人食欲，令人不忍释手。若细分，有甜、五香、奶油、海鲜、麻辣、鲜蔬等多个系列品种。蔬菜系列中，新鲜蔬菜含量占20%，营养丰富，口味纯正。周村烧饼还具有不油污、久藏不变色不变味、易携带等特点，是旅游充饥和馈赠亲友之佳品。

制作周村烧饼，要经过配方、延展成型、着麻、贴饼、烘烤等多道工序。从初期选料到制作成型，每一道工序都有严格的要求。每个和好的面团都要不断揉捏，来增加韧性，烧饼上沾的芝麻要经过水捞、去皮、炒熟等多种工序。目前还没有发明出可以替代手工制作周村烧饼的机器，烧饼的味道和口感完全取决于手的功夫。

制作周村烧饼，最难的两道工艺就是延展和张贴。延展的技艺越纯熟，做出的烧饼直径越小。2012年，传承人王春花研制的“特供”烧饼面世，一斤面粉可制作128个，每个直径仅有7公分左右，上面却依旧能布满2000粒芝麻。不过，这种“特供”烧饼仅用于私人定制或参赛使用。

四、你知道吗

“我是从小看着母亲做烧饼长大的，那个时候个头不够高，就踩着凳子学做烧饼。”从小的耳濡目染，使王春花与烧饼结缘，但拥有今天的高超技艺，她将这些归功于恩师。1993年，王春花开始跟着周村烧饼第三代传承人梁文超学习制作真正的周村烧饼。

王春花回忆说，张贴这道工序，着实让她吃了不少苦。“早期的烘烤炉不像现在这么先进，炉壁的两旁没有遮挡，需要徒手将饼坯放入240℃高温的炉膛。”初学的一年，她的手臂经常出现大面积烫伤，由于需要不间断地练习，经常是旧伤还未痊愈，又添新伤。

随着制作手艺渐渐步入正轨，王春花又遭遇了瓶颈期。“张贴不能借助任何辅助工具，饼坯在这个过程中极易变形。”近一年的时间，王春花制作的烧饼不是圆形而是椭圆形，这期间曾多次想要放弃，但缘于对烧饼的热爱，她咬牙坚持了下来。

同一时期，与她同样师承梁文超门下的“弟子”有不少选择了放弃，而王春花却坚持到了最后，并在50余名弟子中脱颖而出，被老师梁文超选为第四代传承人。

“制作烧饼是一件‘费力不讨好’的工作，经常是上班有点，下班没点。”王春花说，车间现有烧饼师傅150人，平均每天，每名师傅需制作2700个烧饼。因为全程为手工制作，其过程的艰辛可想而知。

作为传承人，2000年，她开始在省内多个城市“物色”传承人的合适人选。王春花的直系弟子约有100名，再传弟子200名。王春花说，虽然公司培训期为20天，但一名学徒要想掌握全套技术，制作出合格的直径11厘米的烧饼，至少需要3年时间。时间长，过程枯燥，使得愿意学习这门手艺的年轻人越来越少。而王春花也不得不降低收徒的标准，将原来18—25岁的年龄限制放宽至35岁。

虽然面临招工难的问题，但王春花依然履行着一名传承人的责任。除了在淄博、济南等省内城市招收可以继承周村烧饼手艺的年轻人外，她还在淄博沂源进行考察，将建一座烧饼制作工厂，招收一批学徒。

“周村烧饼可以称得上是‘古代延传的美食’，完全靠手艺延长它的保质期，没有任何添加剂。”作为传承人，王春花希望周村烧饼可以作为“非物质文化遗产”一直保留下去，不管经历多少年，制作烧饼的手艺也不会失传，来自世界各地的人都能通过品尝周村烧饼，尝出属于淄博的味道。

（编写：戴　楠）

第四章 味·蕾

妙不可言：钱万隆酱油

项目名称	钱万隆酱油酿造技艺
项目类别	传统手工技艺
保护级别	国家级
公布时间	2008年
所属区域	上海市浦东新区

一、项目简介

上海的酱园业曾经十分发达。过去市区共有大小酱园67家，创始于1880年的钱万隆，是其中的佼佼者。

创始人钱锦南是当时“奉南川”三县的名人，也是唯一一个头戴红顶子花翎、身穿黄马褂经商的“浦东人”。因为他的酱园声誉良好、经营有方，钱万隆在清朝光绪年间获授一块“官酱园”的烙金招牌。最巅峰期，这儿出产的酱油卖到了豆油价。

钱万隆酱园采用的是清末沪上本帮酱作工艺。钱万隆酿成一缸酱油，最少1年，多则2年，有的甚至要3年。春天投料，至冬收获。几百只缸整齐排成长长数列，形成了“晒油街”，故生产的酱油被称为“晒街油”。

经过百年的发展，钱万隆酱油先后开发出酿红、原汁红、特酿、佳酿等16种系列产品，其中香菇酱油曾获国家商业部优质产品称号，特晒酱油获上海市优质产品、全国首届食品博览会银质奖等称号，产品远销20多个国家和地区，是国家贸易部认证的“中华老字号”。

二、历史渊源

钱万隆酱油酿造工艺是上海本帮传统酱油酿造技艺，是一种古老的地方传统手工技艺。“一口香酥高桥松饼，妙不可言钱万隆酱油。”旧时的上海滩，“钱万隆”代表的本帮酱油，与浙江海盐的“盐帮”、宁波的“宁帮”并称沪上酱园业的三大体系。

100多年过去，当越来越多老字号身陷名存实亡的困境，钱万隆却还坚守着老法的酱油酿造技艺，成了一个活着的、发展着的传统生物工程样本。

（一）萌发期：“官商”合伙开设酱园

钱锦南有一个开牛肉庄的朋友，名叫张巨富，人送外号“牛肉老五”。他俩都是天主教徒，交情甚好。当时开酱园要有财势，钱张商定，取张巨富之财，再借钱锦南之势，由钱锦南出面向政府申请牌照，合伙在洋泾浜南三茅阁桥东开了酱园。几年后，那一带大兴土木，酱园搬迁到南市磨坊弄。

1880年，第一批酱油生产出来后，“牛肉老五”趁着给洋人家里和西餐馆供应牛肉，捎带了一些送去。他看洋人吃牛排、煎鸡蛋、煮鸡蛋时都蘸细盐，就想能不能让他们改改吃法——蘸酱油。有个洋人尝了，翘起大拇指用中文夸：“妙不可言。”不久，“妙不可言钱万隆”的广告语传遍了上海的大街小巷，钱万隆更成为“本帮”酱油的代表。

因为声誉良好、经营有方，1897年，“钱万隆”酱园被清政府户部盐漕部院授予“官酱园”。这相当于酱造行业中最早的“国有控股企业”。钱锦南故后，由其儿子钱子荫接掌酱园。

（二）发展期：金字招牌“官酱园”

清光绪二十三年（1897年），钱子荫与“牛肉老五”的合作解体，从此，磨坊街“钱万隆”改名为“万隆酱园”。钱子荫则回浦东张江栅(新街北首，四开间门面，占地约16亩)开设了“钱万隆酱园”。经巨商吉允升“引商”，顾浩“保商”，取得由两浙江南盐运使司颁发的“南汇县张江栅铺户钱万隆”木质牌照。当年江浙两省衙门颁发的青龙招牌上刻有“官酱园”三个金字（这块古老的招牌历尽劫难，在“文化大革命”“破四旧”中，是老工人藏在木匠间的刨花堆里才得以保留至今的）。

钱万隆酱油制作流程复杂而费时，分为棒敲制曲、土灶蒸料、木架机压渣等关键步骤。主要原料是来自东北的非转基因黄豆。制作设施仅有竹匾、箩、缸、木榨床等简单工具，酿造的关键全在于老师傅代代相传的古法工艺。生产工艺以自然晒制为主。春天投料时，将上好的黄豆洗净、浸泡，放到土灶上焖蒸，之后经过拌料、木架制曲、自然酵化等过程，制成的酱料十天要人工掀酱一次。期间还要经过8个月的日晒夜露，酱成后存放一年成为陈酱，再进行压榨出酱油。经过春准备，夏造酱，秋翻晒，冬成酱，直至榨出酱油，生产周期至少在12个月以上。

钱万隆酱油的原料除了水和黄豆，不添加任何物质，正是依靠长时间的日晒夜露，钱万隆酱油才有浓浓的香味、含量极高的氨基酸。普通酱油通常会加入焦糖色、食用香精、助鲜剂等，钱万隆酱油则不需要任何添加剂。

（三）成熟期：“晒卫油”享誉大上海

民国时期，第三代传人钱安伯创出酱园世家的鼎盛时期，打出了“晒街油”精品。这种酱油要放在大缸内曝晒三个伏天，日晒夜露，翻滚起沫，生产周期长达两年之久。当时的“晒街油”价格卖到豆油价。产品名震奉南川，后由于供不应求，需要缩短日晒周期，遂采取晒煮结合的酿造方法，取名“晒卫油”。在北伐胜利到抗战前的一段时期中，“晒卫油”年产十万斤左右，享誉大上海。当时，上海地区有这样一句俗话：“一口香酥高桥松饼，妙不可言钱万隆酱油。”

新中国成立之初，第四代酱园主抽调资金去海外，只剩下几间破房子，二百来只酱缸，生产条件简陋，老牌产品特晒酱油也停产。1951年改名为张江酿造厂，1954年公私合营改为地方国营张江酿造厂，1984年改名为上海钱万隆酿造厂。该厂经过不断的投资扩建改造和工艺技术的改进，酱油产量逐步增加，1982年达到3049吨，为1949年80吨的37倍。酱油质量在上海郊县同行业中，一直占领先水平。

（四）鼎盛期：传统特色重放光彩

改革开放后，钱万隆酿造厂请回了已退休的酿造老师傅，引进科研人员，组成攻关小组，组织老师傅、科技人员进行恢复传统工艺科研攻关，从制“小曲”到出油，10多道工艺流程都采取严格的管理和科学检测，在“晒街油”“晒卫油”的传统工艺上再创新，研制出“特晒酱油”，当年就被上海市供销社评为出口优良产品，使百年传统工艺起死回生。

据说，在至关重要酿造阶段，厂里的老师傅会睡在缸的旁边，担心温度、湿度的些许变化会影响酱油的诞生，直到闻到那一股熟悉的香味才能安心回家。

传统特色的晒油重放光彩，特晒酱油色泽红褐，酱香浓郁，体态醇厚，久贮不变。1983年3月，首次出口国外，开创了上海酱油出口的先河。先后出口香港、丹麦、挪威等10多个国家与地区，产品多次斩获国内外荣誉。1993年，国内贸易部授予钱万隆“中华老字号”称号。

一位德国客商在偶尔尝过钱万隆酱油后，对这种风味独特的调味品赞不绝口，专程跑上门来，要揽下钱万隆在欧洲的全部代理权。钱万隆的“掌门人”张惠忠说，尽管面临市场、成本的双重压力，着眼中高端市场的钱万隆正在积极转型，“钱万隆挺进欧美的通行证，除了百年老字号的独家工艺，还有绿色、安全的不二法门”。

（五）衰退期：步履维艰处于濒危

在同质化、低价位的恶性竞争中，钱万隆酱油似乎面临着“墙内开花墙外香”的命运，年产量1000吨的钱万隆酱油只占上海市场不到2%的份额。总经理张惠忠简单算了一笔账：一些年产数十万吨的酱油厂，如果选用一般的黄豆做原料，一吨的成本价只需5000元，而钱万隆的优质黄豆一吨成本在6000元；有的酱油厂采用“速成”酿造，一斤原料可以产出8斤酱油，钱万隆的压榨工艺只能产出2斤酱油；普通酱油厂15天就可以产出成品，钱万隆的酱油至少需要1年的酱作周期……这些“客观”因素，让钱万隆面临着巨大的竞争压力，依照成本价加微利的原则定价，钱万隆酱油厂一年下来亏损约120万元。

其次，在市场经济影响下，粮食调价酱油却不调价。同时，外地产品充斥市场，不少是拼制勾兑的化学酱油，价格低，造成恶性竞争。真货实料的钱万隆酿造酱油由于粮食调价，人工等各方面生产成本提高，导致连年亏损，生产数量逐年减少。如要开拓，需要投入大量经费，企业难以承受。因此“钱万隆酱油”步履维艰，处于濒危状态。

三、传承族谱（家庭传承）

祖父：王关余→父亲：王端荣→王良官→儿子：李波（跟随母姓）。

爷爷王关余，1898年进钱万隆官酱园做学徒，当时17岁。

父亲王瑞荣，1929年随父进钱万隆酱园做学徒，当时13岁。

王良官，1979年顶替其父进上海钱万隆酿造厂工作，当时20岁。进厂初始，企业安排王良官师从冯洪发，学习酱油菌种培养（即小曲）工序，通过师傅的传教，以及从其父亲处得到的一些口传经验，较快地掌握了小曲制作技艺。然后王良官转至酱油制曲（即大曲）工序学习。平时他吃苦耐劳，休息时间也经常向厂内老前辈“取经”，掌握制曲工序要点，顺利地通过了考评。1983年，根据王良官的工作表现、工作态度等，厂部将其作为酱油现场管理人选，对该人选的要求需要掌握整个工艺流程，故又安排王良官拜袁琴宝为师，从事酱油发酵淋油工序。他很快掌握了钱万隆酱油酿造技艺的精髓，颇为完整地传承了钱万隆酱油古法制作的技艺，并在学习生产过程中有所创新。

儿子李波，2008年进入钱万隆酱油酿造厂，时年18岁。定向培养，已进入钱万隆工作，拜老工人王柒宝、工程师陈金源、其父王良官为师，学习传统工艺全过程生产技术。

四、你知道吗

鉴定酱油的品质有三个指标：颜色、鲜味、香味，而恰恰是在这几项指标上，“钱万隆”与市场上的普通酱油有着天壤之别。以颜色来说，钱万隆的“晒油”是典型的“浓油赤酱”，它在制作过程中加入的面粉等糖分，在自然发酵中转化成了天然色素，而不少酱油厂则是直接加入焦糖色素等添加剂。酱油的鲜味主要看氨基酸含量，市场上不少名头很响的品牌酱油，氨基酸含量在0.6％～0.7％，而且大多添加了助鲜剂，而钱万隆酱油的鲜度在日晒夜露中自然形成，氨基酸含量至少达到0.9%。再说到香味，钱万隆的酱油质地厚、浓度高、香气好，是公认的纯天然调味品，而普通酱油则添加了肌苷酸二钠、鸟苷酸二钠等天然香料。这就无怪乎，钱万隆酱油的产品成分表上，除了黄豆、面粉、盐和水外，清清爽爽别无其他。

东北有肥沃的黑土地，耕作期虽短，却能产出上好的大豆。钱万隆酱油的原料便来自那里，选用的是一年陈豆。王良官说，此时大豆里的蛋白质等成分已经稳定，用来酿酱油最好。为选好原料，每年厂里都派专人去东北。

进好料，酿造便开始了。前三道工序是处理原料——选豆、浸豆、蒸豆，外人听着好像自己也能上手，其实不易。就说浸豆，拿捏一年四季里不同季节的浸泡时间和水温，要靠长期的经验积累。泡久了，大豆里的蛋白质会损耗；泡的时间不够，蒸出来的黄豆夹生，不易发酵。王良官心中有个计时器：夏季大约是4～5小时，春秋季8～10小时，冬季15～16小时；浸泡到豆粒表面无褶皱、豆内无白心，能用指尖轻易压成两瓣，这就刚刚好。他说，黄豆经过这一番浸泡、沥干，一般重量翻倍，体积增至2.2倍。

而后是制曲，这是食材发生神奇转化的起点——把翻拌均匀的豆料，分装于竹篾簸箕，铺成2～3厘米厚，再放进30℃～35℃的室内。10小时后豆料温度上升，此时要通风，将料温降到32℃～36℃。经过16～18小时，米曲霉孢子发芽、菌丝繁殖，这时要用手翻搓一遍，称为翻曲，让豆料接触新鲜空气，散发出热量和二氧化碳，再经过7～8小时，第二次翻曲。74～80小时后，豆料变得疏松，孢子丛生，无夹心，能闻到正常曲香而无异味——当种种要素聚齐，制曲已成。

将成曲投入配制好盐水的酱缸内，之后的一切便交给时间和大自然了。这是个看天吃饭的活计：阳光曝晒能激发菌的活力，而雨水可能搞砸一切。因而工人们大多住在酱园，晴天晒酱，雨天罩上竹篷盖，不论白天黑夜，雨点犹如催促出战的鼓点。酱缸上的帽子被不断拿下来扣上去，时间就在这反反复复中流逝。一般是1年，待到酱香四溢，便知酱醅已差不多晒制好。这时，“作头师傅”眼看色率、鼻闻香味、手拈厚度、口试鲜度，这缸酱能达到何种品级，心里就有了数，同时，要由他确定何时出缸。

酱醅出缸，还没完。拿它压榨出的酱油，要重新放回酱缸中再晒制6个月——这就是为什么钱万隆的酱油不添加防腐剂，却能长久保存的奥秘所在。市场上出售的酱油一般分酱香、醇香两种风味，而钱万隆酱油，酱香和醇香兼而有之。

（编写：胡　伟）

糟醉大王：邵万生

项目名称	糟醉食品
项目类别	传统手工技艺
保护级别	上海级
公布时间	2008年
所属区域	上海市黄浦区

一、项目简介

中华老字号“邵万生”创立于清咸丰二年（1852年），它以经营糟醉腌腊及全国各地名优土特产和休闲食品而闻名遐迩。

156年的沧桑岁月，邵万生经历了无数风雨，可以说它的最初百年是在社会大背景下艰难成长起来的。

改革开放后，邵万生积极实施品牌战略，坚持走可持续发展之路，充分发挥老字号品牌效应，坚持“打造经典邵万生，做糟醉行业的引领者”。特别是1999年南京路步行街开通后，实现了历史性、跨越式的发展。

邵万生是国内贸易部首批命名的“中华老字号”企业，上海市“名特商店”。邵万生的糟醉食品曾多次获得上海市“畅销品牌”“糟醉名品”等称号。

二、历史渊源

上海是中华糟醉食品的传统产销地之一，上海厂商自产自销的黄泥螺、醉蟹、醉蚶、糟鸡、糟肉等糟醉食品层出不穷。邵万生的经营特色是“精制四时醉糟”。鸡鸭鱼肉蛋，无所不“糟”（此糟非“糟糕”之糟），四季不断，故有“春上银蚶，夏食糟鱼，秋持醉蟹，冬品糟鸡”之誉。邵万生糟醉食品的发展大致经历了以下几个阶段：

（一）萌发期：落户虹口创基业——崛起

咸丰年间，宁波三北（现慈溪市）的一个渔民之子，原系邵姓渔民花600银元买来的养子，顾邵氏又名邵六百头。他背着破旧的包袱来到上海讨生活，除了包袱里几块维持生计的银元外，他一无所有。唯能让他在“遍地是黄金”的上海滩立足的，也只有他掌握的南北货和宁绍糟醉手艺。起初，他在早期宁波人集聚的虹口吴淞路黄浦江沿江码头一带摆摊，出售红枣、黑枣、胡桃等干果和金针、木耳以及烟纸杂货。后来，他摸准了宁波人喜食咸货的生活习俗，开始出售自制的宁绍乡土风味的糟醉食品。经数年苦心经营发迹后在吴淞路上择址开设邵万兴南货店，经营南北货与宁绍糟醉。为了扩大经营，邵六百头另辟生产场地加工腌制糟醉，诸如鱼干、糟鳗鲞、醉蟹、醉泥螺、醉虾、醉蟹糊、醉银蚶、醉蛏子、虾籽鲞鱼等海鲜河鲜类食品，以及虾籽酱油、糟卤、虾油卤等调味调料。这标志着上海南北货业作为一种新型经营业态的崛起。开业后一炮打响，受到附近居民的广泛欢迎。尤其是附近几位宁波老太更是青睐有加，啧啧称道店里的南北货。除门市零售外，邵万兴还兼营批发业务，业务蒸蒸日上。

（二）发展期：迁移闹市求发展——兴盛

同治九年（1870年），店主邵六百头看到此时发展起来的南京路十分兴旺，便把店铺从虹口迁至南京路414号，走出了发展的关键一步。他扩大门面，开设工场，形成前店后场的格局，改名“邵万生”，经营“两洋海味、闽广洋糖、浙宁茶食、南北杂货”。邵是他的姓，万生是他的愿望，意思是生生不息，希望开办的店铺能兴旺发达。

这次迁移，使南京路上有了一家颇具规模的南货店，很快改变了南京路南北货土特产以往小店小贩小摊的经营模式。邵万生的糟醉生意非常吸人眼球，很多南北货都是被前来购买糟醉食品的顾客捎带走的。邵氏发现这一现象后决定扩大糟醉生产，将店堂的一半都用来经营宁绍特色糟醉产品。每日将自产的糟醉产品如黄泥螺、醉蟹、糟鱼、醉鸡等时令商品推向大众。邵万生店堂每天被挤得水泄不通。从此，邵万生糟醉南北货如日中天，一发不可收拾，成了上海乃至世界华人心中的“糟醉大王”。

邵万生之所以这样广受欢迎，绝非偶然。它的糟醉产品均出自一批掌握一流技艺的糟醉师傅之手，除做工精细外，它的选料也十分严格、用料非常新鲜。据说当时有一个叫苏州阿三的人每天早晨送活蟹到邵万生，在店门口放几只笼子，等蟹到后就在门口拣蟹，专拣每只100—150克的“强盗”雌蟹，过大过小统统剔除。路人驻足观赏，目睹挑选如此严格，无不为之赞叹。当众拣蟹起了“活广告”作用，邵万生的醉蟹名声更响了。再如，它家的黄泥螺一定要选用宁波沈家门任母渡的泥螺。每年阴历四月上中旬，泥螺旺产时收购，经三次暴腌滤净，再用高档陈年黄酒腌制。这样生产出来的泥螺形大、肉厚、无砂、味美，夏令食之使人开胃增食。

（三）成熟期：几近搬迁图发展——壮大

1956年，邵万生和其他兄弟行业一样，参加了公私合营。“文革”期间，邵万生更名为“兰考南货店”，商店门头上的邵万生店招被当作“封资修”当街烧毁。上世纪70年代中期，邵万生工场与川湘厂等三家企业合并，迁往原南市区大东门天灯弄，生产黄泥螺和糟蛋等。到了上世纪80年代中期，邵万生又搬回几十年前的老地方——南京路店堂后部，恢复前店后场。主要生产虾籽酱油、黄泥螺、醉蟹以及糟鸡、糟肉、糟鱼等。邵万生在江苏、黑龙江、辽宁等省开辟了黄泥螺的货源地，建立了产供销网络。有了好的原料后，邵万生加快恢复原来的专业生产。由于对黄泥螺产品口味调整快、市场反响好，进货数量逐年增多，很快在市场确立龙头地位，重新成为上海唯一生产黄泥螺的国有商业企业。

香港环球航运集团主席、造船大王包玉刚每到节令都派人来南京路邵万生南货店选购黄泥螺、醉蟹。上海人大代表团赴港访问时，也专门请该店定制醉蟹、虾籽等商品作为礼品赠送给香港知名人士。

（四）鼎盛期：老树新枝逢春发——重新崛起

“中华糟醉席上珍，众口皆碑邵万生。”160多年来，邵万生历经沧桑数易其主，但历届掌门人均珍视所创名牌。特制的糟醉食品秉承选料严格、配料独特、工艺精湛、注重诚信经营及货真价实的传统特色，产品不仅风味独特，且适令应时，随季而变，素有“春意盎然上银蚶，夏日炎炎食泥螺，秋风萧瑟尝醉蟹，冬云漫天品糟鸡”美誉，使邵万生成为以经营糟醉食品而闻名海内外的百年老店。虽历经时代沧桑变迁，依然生意兴隆。如今“一洞天”早已随风而去，而邵万生却依旧风姿绰约地屹立在南京路上，显示出百年老字号的不衰魅力。

近几年，随着邵万生的重新崛起，在保留黄泥螺、醉蟹等糟醉特色的同时，还试制出醉香鸡、醉香鸭、醉鸭肫、醉花生等20个新产品，并根据现代消费者的需求将传统产品黄泥螺、醉蟹等进行改进，使之更适合当代上海人口味。一上柜台便受到消费者的青睐，使得邵万生的特色经营经久不衰。

邵万生的黄泥螺，是在肥沃、没有污染的滩涂中，靠人工一只一只挖出来。先用盐做初步加工，然后利用独家工艺催泥螺吐砂。“这套工艺还是最近十年内逐步琢磨出来的。因此现在的黄泥螺让食客吃上去不再有含砂的烦恼。吐砂完成后，再用盐腌制，运抵上海工厂后，用净水清洗，再以上等的黄酒、花椒等香料进一步加工，成为佐酒下饭的佳品。

同样经过了工艺改进的还有醉蟹。采自江苏泰州的大闸蟹，先用干毛巾把水分吸干，放入50度高粱酒中呛杀，保证杀菌、保鲜。然后换入米酒浸泡。这一环节原先都是用白酒，换用酒精度更低的米酒，既可以锁定水分，又可以保持蟹肉的鲜美。过去最后一道收尾工作是净水冲洗，但鉴于水分多容易繁殖细菌，现在改用米酒来冲洗。如此，醉蟹味道也逐渐变化，与老味道相比，现在的口味更淡、略甜。

也有很少一部分老食客抱怨味道变了，但大多数客人更欢迎这种改良，还吸引了不少原来不碰糟醉的年轻人。事实上，不少现代人都偏爱低盐饮食，而原先老味道之所以偏咸，一部分原因是贮藏条件有限，为防止腐烂变质而重盐，如今已无这样的烦恼。

根据不同时令的需求，邵万生将食品食用方法、商品知识等编印成册，提供给每一位需要的消费者。比如，虾皮中含有大量钙质，经常食用虾皮可以预防骨质疏松等症。当一些中老年妇女站到柜台前时，他们就介绍，补钙吃虾皮，味道鲜，营养好，比吃钙片实惠。经介绍，许多顾客买了不少虾皮，回去一宣传又带动了一批顾客。因此商店虾皮生意越来越好，销量由一天几斤上升到几十斤，最高一天要达近百斤。邵万生员工还四处收集资料，编印商品知识、食用方法等资料，冬令时节则到处收集资料编印食补小册子，他们经过推敲还摸索出一套食用顺口溜，如“健胃补脾吃红枣，润肺乌发食核桃，木耳抗癌素中荤，清热安神数金针，香菇存酶肿瘤消”等，把它们推荐给不同年龄、不同身体状况的顾客，受到顾客欢迎。

三、代表性产品

醉蟹：老店员曾谈及其制作过程的严格要求。当年，邵万生预约一个名叫苏州阿三的小贩，每天早晨送阳澄湖蟹来。他们在店门口故意放几只笼子，当着围观者的面，挑选每只100克至150克强劲有力的雌蟹，不合规格的一律剔除，围观者啧啧称赞，选好的大闸蟹，洗净沥干，整齐地在甏内叠紧，用调制好的上好黄酒注入甏内，假以时日，取去上柜。

黄泥螺：必选沈家门任母渡的泥螺，时间是阴历四月上中旬旺产季节。此时，泥螺形大、肉厚、无砂、味鲜，以高档陈年黄酒加以腌制。

虾籽鲞鱼：选用优质鳓鱼，汆油后，遍涂鲜虾籽，加以烘制，虾籽鲜味“入肉三分”，鲜美脆香。既可现食，也可烹食，更可配茄子等辅料烹烧；吃剩的鱼骨已烂碎无刺，加葱花还可冲汤。一鱼多吃，既美味可口，又经济实惠。

四、你知道吗

1999年，邵万生开通了以劳模尤珏珍名字命名的“小尤热线”，这是一条连接千万家、方便千万家、温暖千万家的服务热线，它将邵万生品牌与消费者的心连接了起来。

开通以来，尤珏珍带领柜组内的诚信服务示范员，不断拓展柜台服务特色内涵，坚持上门送货，受理电话咨询，形成了一支志愿者队伍，成为邵万生老字号的一个亮点。众多消费者通过这条热线得到了方便、周到的服务。一位病危老人临终前想吃臭冬瓜，家人向“小尤热线”求助。但当时正好缺货。为了满足老人的愿望，尤珏珍骑着自行车走遍了周边所有的食品店和菜场，当她将好不容易买到的臭冬瓜送到老人家中时，感动了老人全家。一位家住大华的残疾顾客经常打“小尤热线”，要求送货上门。有时他还会要求顺带一些医药一店的药品和“三阳”的糕点、沈大成的点心等等，小尤也都尽量满足。一次，他又来电要求购买一些糟醉食品和医药一店的药品。第二天，正好尤珏珍休息，她就带着买好的物品赶到这位顾客家中。结账时，钱不够，行动不便的顾客请她去银行刷卡取钱。顾客说：“你是邵万生的服务明星，我绝对放心。”当尤师傅去银行取了钱回来，她又卷起袖子帮助顾客打扫卫生，告别时已是傍晚了。

“小尤热线”的名气响了，接到的求助电话常常会超出他们的服务范围，尤珏珍和她的伙伴们却把此作为自己服务工作的新的内涵和广阔的延伸空间。一次，一位顾客向热线求购的十几种食品中，只有黄泥螺一样是邵万生的商品。可是，他们并未因此而拒绝，尤珏珍利用休息天骑着自行车跑了整整一天，终于为顾客配齐了商品。

诚信是企业的根本，糟醉柜在服务中始终把信誉放在首位，以此树立文明窗口形象。一天，“小尤热线”接到一个电话，电话中顾客气势汹汹地质问购买的邵万生醉蟹为何是变了质的。柜组长耐心听取后，一下班就骑了一个多小时的自行车赶到顾客居住的杨浦区家中，仔细了解情况后证明是由于顾客保管不善而导致醉蟹的变质。尽管如此，她还是向顾客致歉，并为他退了款。随后又向顾客介绍了糟醉食品的保管常识，令顾客感动不已。此举维护了邵万生老字号的形象，并在顾客心中留下了良好的品牌形象和口碑。

有一次，“小尤热线”接到家住宛南华侨新村的彭老太打来的投诉电话：“你们的醉香螺怎么有怪味道，好像臭哄哄的。这算什么特色新产品？要求退货。”班组成员一听就知道是顾客吃法有问题。当即于下班后骑上自行车赶到顾客家中，手把手地教她吃时处理好头尾。顾客按此方法吃起来，果然鲜美无比，急忙连声道谢。三天后，这位彭老太又打电话到邵万生，让他们送去价值1600余元的糟醉食品带回香港。

（编写：王　静）

百年传承：梨膏糖

项目名称	梨膏糖制作技艺
项目类别	传统手工技艺
保护级别	上海市级
公布时间	2009年
所属区域	上海市黄浦区

一、项目简介

老城隍庙梨膏糖是纯白砂糖（不含饴糖、香精、色素）与杏仁、川贝、半夏、茯苓等十四种国产良药材（碾粉）熬制而成。口感甜如蜜、松而酥、不腻不粘、芳香适口、块型整齐、包装美观，由于选用中草药药性温和无副作用，因而适用于各种咳嗽人群，在国内外享有盛名，深受广大男女老少的喜爱。

梨膏糖有本帮（上海）、苏帮、杭帮、扬帮之分，老城隍庙的梨膏糖均为本帮。老城隍庙梨膏糖又分为品尝型梨膏糖和药物型梨膏糖两大类。

品尝型梨膏糖，又称花色梨膏糖。有薄荷、香兰、虾米、胡桃、金桔、肉松、杏仁、百果、火腿、花生、松仁、玫瑰、桂花、豆沙等数十个品种，采用中草药与纯天然原料，精心加工而成。产品甘而不腻，甜中带香，香中带鲜，含在口中，回味无穷。

药物型梨膏糖，又称疗效型梨膏糖。有琼浆状似的梨膏糖，有经过特殊工艺加工生产的颗粒状冲剂梨膏糖，还有便于携带的各种口味的止咳型梨膏糖、川贝梨膏糖、百草梨膏糖、开胃梨膏糖等。

二、历史渊源

梨膏糖，以雪梨或白鸭梨和中草药为主要原料，添加冰糖、橘红粉、香檬粉等熬制而成。上海梨膏糖始创于清朝咸丰五年（1855年），至今已有161年历史，其制作技艺被评为上海市非物质文化遗产，传承至今以至三代。新中国成立后，国家对这一传统名特产的生产大力扶持。

（一）萌发期：老道人点醒梦中人

相传清咸丰年间，有一朱姓男子，无以为生，便向亲友借凑了点钱，与妻子一起在上海城隍庙设摊卖梨，心想以此赚点钱来养家糊口。不料气候陡然变凉，买主甚少，生意难以为继，眼见梨子即将烂掉，夫妻俩甚是心急，便打算到城隍庙去烧香拜佛，求城隍爷保佑他们生意兴隆。

可是一摸口袋，却空无一文，连求神的香烛钱也没有。这时，迎面走来一个老道人，走到梨摊旁时老道人突然跌了一跤，差点把摊子撞翻。朱姓男子忙把老道人扶起并端板凳让他坐下，接着又给老道人削梨吃，可老道人忙制止不让削梨，说梨留着能卖钱。

谁知朱姓男子说："这梨没人买，没生意，再不吃梨就全烂了，分文不值，不如吃了好。"说到这里，两口子都哭了起来。老道人见此情景知道这俩夫妻到了走投无路的境况，便一边安慰他们，一边给他们讲唐朝魏征熬梨膏糖治愈母病的故事。

老道人讲完故事后就扬长而去。朱姓男子受到故事的启发，将没有烂的生梨削成片，再托人去药店里赊来川贝、杏仁等中药，也熬起梨膏糖来卖，谁知生意特别好。夫妻俩也不辞辛劳，更不怕技艺被人盗去，便当场做当场卖。为了招徕顾客，他们夫妻二人一边做一边卖还一边唱：一包糖屑吊梨膏，二用药味重香料，三(山)楂麦冬能消食，四君子能打小囡痨，五和肉桂都用到，六加人参三七草，七星炉内加炭火，八卦炉中吊梨膏，九制玫瑰有药效，十全大补共煎熬。

（二）发展期：三雄鼎立行销春申

上海历史上最早的卖梨膏糖的是城隍庙里的"朱品斋"，创建于清咸丰五年。据传朱家拥有祖传秘方，而且用料地道、精心配制，所以"朱品斋"开设以后，生意十分兴隆，其梨膏糖和药梨膏深受大众欢迎。起初，"朱品斋"由朱老太坐镇，她能根据顾客的咳嗽声来判断病情，对症下药，配售梨膏糖。后来，"朱品斋"的生意由她儿子朱慈兴接手，注册了"朱老太"商标。朱慈兴为了迎合当时上海大都市消费者的需要，他开始专研高级梨膏糖。此种梨膏糖里除含有止咳化痰药料外，另外再加入人参、鹿茸、玉桂、五味子、刺五茄、灵芝等贵重补品，一经推出就广受好评。他还接受定制，每剂以25斤为一料，以定制为主，专为公馆帮服务，对症下药，电话联系，送货上门，也可作为礼品送人。当年京剧名家裘盛戎、李慕良等特爱吃"朱品斋"的梨膏糖，一买十几盒，成了"朱品斋"的老主顾，使梨膏糖、药梨膏成为集礼品休闲治病于一体的高档食品。

清光绪八年（1882年），有一个商人在上海老城隍庙西首晴雪坊开设了一家梨膏糖店，店名为"永生堂"，出售各类梨膏糖，店主张银奎父子还开创了现做现卖的卖糖方式，行话称为"挫木"，又叫"文卖"。

创办于清光绪三十年的德甡堂梨膏糖店，坐落在老城隍庙北面。其店主曹德荣原是永生堂的学徒，后来自己开店，为不忘"永生堂"恩典，取名德甡堂，专研中医，改良梨膏糖的配方。它们都使用自己的牌子和商标，彼此竞争十分激烈。

（三）成熟期：工艺改革质量可靠

1956年公私合营后，当时上海仅剩的三家梨膏糖制作老字号朱品斋、永生堂、德甡堂合并成立了上海梨膏糖食品厂，将生产的各色梨膏糖通过老城隍庙内各家名特商店进行销售，以满足不同消费层次的需求。由于在传统工艺的基础上，又引进了先进工艺，不仅开发出不少新的品种，而且使梨膏糖产品的质量更加可靠。

早年间的梨膏糖全由手工制作，在城隍庙现做现卖，没有“保质期”的说法。上世纪90年代初，上海梨膏糖大规模往外铺货，延长保质期变成了一道难题。原来，锉成的药粉适时放进熬着的糖浆后，这固体的东西跟糖浆到底不能完全融合，梨膏糖存放时间一长，表面的药粉会发霉变质。曹海龙想着将药煎成汁，混合进糖浆，经过反复试验，终于搞准了两者比例——以药汁代替药粉的梨膏糖能储存更久。

梨膏糖这一颇有特色的土特产风味食品，经过一代代人的不断努力，成就了今天上海梨膏糖的美名远扬。

（四）鼎盛期：推陈出新拓展消费

上世纪90年代以来，在原上海市委副书记夏征农“推陈出新”题词的鼓舞下，用了四五年时间将一个原始生产作坊式的企业变成了具有全国超一流水准的自动化生产企业。产品在原有止咳梨膏糖的基础上，又发展了胖大海梨膏糖、罗汉果梨膏糖；在高档产品方面开发了人参梨膏糖和灵芝梨膏糖。尤其是被豫园商城并购以后，企业的经营发展产生了翻天覆地的变化。厂里还成立了推陈出新科研小组，形成了各类专业人才，每年至少有4个新产品推向市场，6至8个新包装上市。企业还通过了HACCP认证。不仅成为全国梨膏糖行业的龙头老大，而且使老城隍庙梨膏糖这一地方特色产品焕发新的光彩。

上海梨膏糖厂从新产品开发、销售渠道的拓展和包装设计三方面着手，扩大经营。新品开发方面，推出了一些品尝型梨膏糖，在传统梨膏糖中添加松仁、玫瑰、豆沙、茶叶等口味，将梨膏糖从一种药理型食品拓展到所有人都能吃的食品，无形中拓展了消费群面。在销售渠道方面，大量增加旅游集散中心的销售点，扩大梨膏糖作为旅游纪念食品的影响。在包装方面，将之定位在有现代感却不失传统风味的包装，有礼品、旅游纪念品的气派的包装。现在的梨膏糖包装非常有喜庆特色，送礼很气派，在封面上标注有“传统老字号”的字样和“老城隍庙”图案，保留了“老”的元素，非常适合旅客购买，作为上海旅游纪念的特产。

（五）尴尬期：传统行业后继乏人

梨膏糖是老上海人的集体回忆，口味甘甜、有止咳化痰之功效，可谓是旧时的“保健食品”。随着时代的变迁，梨膏糖的制作技艺渐渐被淡忘，正面临着后继乏人的困境。曹海龙曾祖父是德甡堂的创办人。30多年前，手艺传到曹海龙手上。膝下无子只有一女的曹海龙，一直没有收徒，虽说如今厂里能做梨膏糖的工人好几百，但在曹家传了几代的手艺，终究还是断了正式的传人，这成了他心头隐隐的痛。

作为传承人，吴生忠在梨膏糖（药梨膏）的制作中下尽了功夫，祖上的手工作业法依然秉承，祖传秘方，十几道工序，精心加工。不过，说起技艺传承，吴生忠却忧心忡忡。他说他曾经看中过一些好苗子，希望能够留下来作为第四代传承人，不过不少人干了五六年，就回家或转行了，“我们这个行业很辛苦，由于是传统的行业，不会有先进的设备，高温下劳作。不少年轻人吃不了这个苦，收入也不高，就离开了”。

三、传承人逸事

曹德荣9岁就在德甡堂学艺，1979年退休，27岁的曹海龙办“顶替”进了上海梨膏糖食品厂。进厂第一天，曹德荣一脸严肃地对儿子说：“梨膏糖是糖，但它又不是普通的糖，它更是药。做药，要凭良心。”

老城隍庙梨膏糖有“文卖”“武卖”之分。曹德荣从厂里退休后，既不“文卖”，也不“武卖”。而是每天静静地站在城隍庙梨膏糖店门口；有人买糖，他便问病人咳嗽的症状，然后，免费再给配上几味对症的中药。1998年，曹德荣去世时留下满满一皮箱止咳草药，那是他的命根子。多少年过去了，父亲的叮咛还常常会在曹海龙耳边响起：“人家不去医院，却来买梨膏糖，是相信我们，我们要对得起这份信任。”

曹海龙虽说27岁才正式进梨膏糖厂，但七八岁时就已经跟在大人身后与梨膏糖打交道了。人小不能熬糖，可以包糖。后来父亲手把手教他手艺。做梨膏糖是个易学难精的活儿：会做，只需两三个月；要窥得其中门道，至少得两三年。

梨膏糖制作，包括配料、熬糖、翻砂、浇糖、平糖、划糖、划边、刷糖、翻糖、掰糖、包装等多道工序。其中最有技术难度的是熬糖，决定着梨膏糖的质量好坏。配好的药粉与糖、水按一定比例混合，在紫铜锅里熬煎时，温度要保持在130℃到135℃之间。但糖加热到120℃之后，开始变得极为“调皮”，温度会直线上蹿，稍不留意锅底就糊了；倘若温度超过了135℃，可以加水调节，但只能加一次水，否则一锅梨膏糖就报废了。

以前，熬糖时没有温度计，全靠经验掌控火候。后来有了温度计，曹海龙却还习惯用眼看、用手触碰。曹海龙有自己判别的绝招——用手捏圆子。只见他拿铲刀沾一点糖浆，用拇指和食指黏起来稍一用力，搓成了一个小圆子。倘若一下就能搓成，不用看温度计，他就知道锅里温度太高了；如果要七八下、十来下才将圆子搓成，说明火候还没到；“标准答案”是搓五六下。

四、你知道吗

初唐的政治家魏征，据传是个十分孝顺的人。他母亲患咳嗽气喘病多年，魏征四处求医，但无甚效果，心里十分不安。这事不知怎的让唐太宗李世民知道了，即派御医前往诊病。御医仔细地望、闻、问、切后，处方书川贝、杏仁、陈皮、法夏等中药。可这位老夫人的性情却有些古怪，她只喝了一小口药汁，就连声说药汁太苦，难以下咽，任你磨破嘴皮子劝说，她就是不肯再吃药，魏征也拿她没办法，只好百般劝慰。

第二天老夫人把魏征叫到面前，告诉魏征，她想吃梨。魏征立即派人去买梨，并把梨削去皮后切成小块，装在果盘中送给老夫人。可老夫人却因年老，牙齿多已脱落，不便咀嚼，只吃了一小片梨后又不吃了。这又使魏征犯了难。他想，那就把梨片煎水加糖后让老夫人喝煎梨汁吧。这下可行了：老夫人喝了半碗梨汁汤还舐着嘴唇说：好喝！好喝！魏征见老夫人对煎梨汁汤颇喜欢，但光喝梨汁汤怎能治好病呢？因此他在为老夫人煎煮梨汁汤时就顺手将按御医处方煎的一碗药汁倒进了梨子汤中一齐煮汁，为了避免老夫人说苦不肯喝，又特地多加了一些糖，一直熬到三更。魏征也有些疲惫了，他闭目养了下神。等他睁开眼揭开药罐盖，谁知药汁已因熬得时间过长而成了糖块，魏征因怕糖块口味不好，就先尝了一点，感到又香又甜，他随即将糖块送到老夫人处，请老夫人品尝，这糖块酥酥的，一入口即自化，又香又甜，又有清凉香味，老夫人很喜欢吃。魏征见老夫人喜欢吃，他也乐了，于是每天给老夫人用中药汁和梨汁加糖熬成糖块。谁知老夫人这样吃了近半个月，胃口大开，不仅食量增加了，而且咳嗽、气喘的病也好了。

魏征用药和梨煮汁治好了老夫人的病，这消息很快传开了，医生也用这一妙方来为病人治病疗疾，收到了良好的效果。人们就称它梨膏糖。

（编写：毛　炜）

滋味鲜美：鼎丰乳腐

项目名称	鼎丰乳腐酿造工艺
项目类别	传统手工技艺
保护级别	上海市级
公布时间	2007年
所属区域	上海市奉贤区

一、项目简介

鼎丰乳腐在上海奉贤已有近150年的历史。起源于民间，植根于民间，以其独特的工艺，细腻的品质，丰富的营养，可口的风味，深受广大群众的喜爱。

鼎丰乳腐制作工艺历史悠久，配方独特。它选用优质黄豆为原料，辅以上等糯米和玫瑰花精制而成。一块30克和12克的小小乳腐，从制坯、前期发酵、后期发酵到成为开胃助食解腥去腻的佐餐佳品，需要经过53道繁杂的工序。

二、历史渊源

鼎丰的历史，是一部由手工作坊到产业工厂到文明企业，由“进京乳腐”到国优精品到出口产品的历史。在现代人眼中，鼎丰乳腐酿造工艺已经成为一份弥足珍贵的非物质文化遗产。它不单只是一个具有商业价值的酿造秘方，更是凝聚鼎丰人创新、团结精神的文化瑰宝。

（一）萌发期：萧兰国创办“鼎丰”酱园

奉贤乳腐的前身叫作“萧鼎丰”，创建于清朝同治三年（1864年），是由一个从浙江海盐来的名叫萧兰国的人开办的作坊。这人原本在莘庄开店，后来觉得奉贤房价便宜，再加上离老家海盐近些，于是就在南桥东街口买下了两间门面，开起了工厂作坊。

有一次，萧兰国到奉贤南桥“鼎和”酱园收账，发现南桥的乳腐生意很红火，自己在莘庄的生意却老是做不开。就这样，诸多因素加在一起，萧兰国把“萧鼎丰”迁至南桥。但自己毕竟是个外来户，经过几番交涉以后，萧兰国吸纳了南桥本地张、沈、鲍三个财主的资金，合资成立了一家乳腐厂。因为是几个人合股，所以就把原来名字中的“萧”字去掉，干脆就叫“鼎丰”了。鼎丰酱园这个名字也就逐渐被传开了。不料萧兰国旋即身故。同治六年三月，其兄萧松云接手经理，约各股东添资本，共集10股，在南桥镇东街（现鼎丰公司厂址）开设鼎丰公记酱园，经营酱油、乳腐、酒、盐等。光绪六年（1880年），本族人萧宝山毛遂自荐出任经理后，非常注重工艺制作，讲究产品质量，加之其经营有方，所生产的酱油鲜味胜过同行，乳腐色香味高人一筹，尤以乳腐名扬京津，享有“进京乳腐”的美称。

乳腐酿造过程是：先要选择上好的黄豆，做成豆浆，再做成豆腐，然后把豆腐切成小方块，放在塑料筐中（以前是竹筐），盖上稻草，放到温暖密闭的房中。过几天，豆腐表面长满了雪白竖立的绒毛。这种绒毛是一种叫做乳腐毛霉的微生物，它是从稻草上“传染”到豆腐上的。这种霉具有强大的蛋白酶，能使豆腐蛋白质分解为氨基酸和容易消化的蛋白胨，使乳腐变软变鲜。当豆腐上长满了毛霉以后，把它移到坛里，加盐、花椒、老酒、酱等等。为了将乳腐染成美丽的红色，再加些红曲，坛口用泥土密封好。六个月后，坛中的东西，在各种微生物的作用下，生成了酒精、乳酸，以及芳香的酯类，这就构成了乳腐特有的香味。霉豆腐上的绒毛也倒伏下来，粘结成一层外皮，又被红曲的色素染红，于是就成为红乳腐的红外衣了。这样，一块块乳腐就制作出来了。

鼎丰乳腐不同于其他乳腐酿造之处，在于其独特的制作方法。这主要体现在其中的制酒、制坯、前期发酵、腌制和配方、后期发酵这五道工序上。首先是选料，黄豆的筛选必须具备颗粒较大，杂质少，圆滑有光泽。磨豆时要牢牢掌握磨碎粗细度，要求不粗不细，必须用手指摸，凭经验来感觉磨豆过程中是否已没有粒身感。在糯米饭蒸熟之后，用手感觉其温度；“听”就是糯米饭在缸中发酵时，听缸内声音的高低，判断发酵的温度；“嗅”就是闻糯米发酵形成的酒香；“尝”就是尝酒是否有酒酸味，乳腐最怕酸，有酒酸味就预示着乳腐制作的失败。这些都必须依靠丰富的经验才能判别，从而确保鼎丰乳腐的独特口味，现代机器设备是无法达到的。

（二）发展期：不断革新生产工艺

清代江浙两省所制的著名乳腐有四处：平湖、苏州、绍兴、奉贤。而以奉贤鼎丰酱园所制乳腐，色香味最为佳美。鼎丰乳腐酿造工艺初创时，采用的是最古老的手工操作方式，劳动强度大。当时，作坊里流传着“水桶、扁担、木榨床，工人挑水上千趟”“三九严寒冰冻天，挑料、出糟不穿衣”等顺口溜，可见工作之辛苦。其制法是先将黄豆筛选，然后用石头进行手工平磨黄豆，由人力对豆浆分离，用烧谷糠手拉风箱铁锅煮浆，用杠杆式石压制坯，然后进行划坯、发酵、加卤酒、配料等十几道工序。为了提高乳腐质量，鼎丰不断革新生产工艺。鼎丰乳腐很注重工艺制作，讲究产品质量、诚信经营，原料大米选自嘉善优质产地，在旺季、节日等产品好销的时候，依然料足艺真，决不弄虚作假。它选用优质黄豆为原料，辅以上等糯米和玫瑰花精制而成，营养丰富，内含8种氨基酸，蛋白质12%，氯化物14%。还有糖分、乙醇、维生素等人体需要的微量元素，色、香、味俱全。

经过几代工艺的传承，鼎丰乳腐酿造工艺由一开始的民间纯手工制作，发展至传统工艺与现代技术有机结合，逐步走向成熟。

（三）成熟期：质地细腻，味道鲜美

历经数代人的改进，鼎丰酱园所制乳腐成为清代江浙两省四大著名乳腐之一。并且以质地细腻，味道鲜美，香气浓郁，色泽悦目，且富含多种人体必需的氨基酸、维生素等特点，相继获得国优、部优、市优产品奖。

鼎丰乳腐最为突出的特点有以下两点：口味独特，其中“甜、糯、醇”这三个特征尤为突出。“甜”是因为其起源于南方，所以具有南方口味偏甜的典型特征，较其他乳腐口味更为鲜甜。“糯”是因为对于酿造工艺的讲究，鼎丰乳腐厚薄均匀，不破皮不损角，质地细腻，口感酥软，糯而不粘。“醇”是因为鼎丰乳腐采用纯粹的糯米发酵做成酒酿卤汁配制的，较黄酒和酒精配置的汤料，具有香浓的酒酿味，品尝后，酒酿的香醇余味绵长；品种多样，各色纷呈。

鼎丰酱园生产的“进京乳腐”，以火腿为主要材料，以烹饪的做法为主。进京乳腐品种有红乳腐、白乳腐和花色乳腐三种，均深受人们喜爱。红乳腐包括大红方和小红方；白乳腐包括糟乳腐、油乳腐和白方；花色乳腐品种更多，以配料而命名，如玫瑰乳腐、油辣乳腐、火腿乳腐、虾籽乳腐等等。各种配方不同，风味各异。其中“进京乳腐、玫瑰乳腐、糟方乳腐”口味尤为突出。

“进京乳腐”因为前期就在酒酿乳里发酵，酒酿味最为浓郁。由于其制作工序更为讲究和烦琐，产量小而精，现只在奉贤区内有售，成为典型的“奉贤特产”。“玫瑰乳腐”特别加入了纯天然玫瑰花精制而成，所以玫瑰味更为纯正香浓，色泽更悦目。“糟方乳腐”加入了米酒、高粱酒，所以糟香味更香醇，持久，回味无穷。各种乳腐都可用大口玻璃瓶盛装，只要灌满卤汁，密封瓶口，放在阴凉处经久不坏。

（四）鼎盛期：中华老字号，酿出新味道

由于乳腐、臭豆腐等发酵豆制品含有丰富的蛋白质与维生素，国外将其称为“中国奶酪”。乳腐虽然营养价值高，但传统乳腐含盐量高，与现代人的营养价值观和口味不符合。随着人们生活质量的提高，口味的变化，鼎丰乳腐酿造工艺在一点一点变化着、创新着。上海鼎丰酿造公司提出了“中华老字号，酿出新味道”的口号，对传统乳腐进行了革新，研制出低盐、低酒精度、不含防腐剂的新型乳腐，乳腐呈现甜咸辣口味与大中小块型系列。目前鼎丰人正在开发适合北方口味的乳腐酱，以适应不同消费层次的需要。

如今，上海鼎丰酿造食品有限公司乳腐车间规范宽敞，科学卫生。从原料到制坯，道道工序都实现了机械化或半机械化生产；化验室内设施齐全，仪器先进，是上海市供销合作总社在郊县的检测中心；储运设施也面貌一新：大型冷库、综合仓库拔地而起，玻璃晒棚产储并用，货物上下电梯升降，拥有年万吨以上的仓储量和运输量。古色古香的园林式办公大楼的矗立，宣告了百年老厂手工作坊时代的结束。

三、代表性传承人

萧宝山，1848年生，浙江海盐人，早年在浙江新隍里从事丝行生意，其人办事精明，勤奋好学。后得知萧兰国在南桥开设的萧鼎丰酱园状况每况愈下，濒临倒闭，即抵奉查考原因，发现是各大酱园粗制滥造、恶性竞争的结果。于是潜心学习鼎丰乳腐酿造工艺，于1880年继承了“鼎丰酱园”。其后萧宝山采取各种方式来提高乳腐的产品质量，改进酿造工艺，革弊兴利，严格制作工序，不图省时求快，不许粗制滥造，违者辞退。不久，乳腐色、香、味均高人一筹，声名鹊起。此后，萧鼎丰酱园规模不断扩大。产品除畅销本县市场外，邻县商人前来批购者甚多，远销天津，誉称进京乳腐。在浦南同行中也名列第一。鼎丰乳腐正是在萧宝山手中初步形成了独特的酿造工艺，从此这项传统技艺代代相传。光绪二十六年，萧宝山中风去世，终年五十三岁。其后鼎丰乳腐酿造工艺传承到王国宝、褚和尚、周福祥、王瑞艺、浦林芳、张明官、董建、吴恩特等（皆已故）手中，并对工艺进行传承发扬。目前，掌握这一传统工艺的主要是几位上海鼎丰酿造公司的老师傅。随着他们的年龄日渐增大，新生力量的薄弱，这项工艺面临的传承困境越发严峻。

四、你知道吗

光绪年间，当时小小的南桥镇上来了一位回乡探亲的京官，因为是皇城来的，本地商家都不敢得罪，纷纷送礼孝敬。鼎丰酱园的萧宝山，也送去了一缸自家酿制的鼎丰乳腐。京官也是个刁钻的人，见到别家不是送绫罗绸缎，就是送山珍海味，唯独这个鼎丰酱园竟送来这一文小钱一块的乳腐，十分生气，认为是看不起他这个朝廷命官，便让人把乳腐全部倒进了猪棚。过了几天，京官要宴请地方名人，这不通世故的萧宝山也来了，而且又送去了一缸乳腐，结果京官恼怒得很，又不能发作，便又把这“不登大雅之堂”的乳腐倒进了粪坑。萧宝山对乳腐的两次遭遇全不知情，当他得知京官要接他母亲回京时，再次精选了一缸上好的乳腐让他们在船上品尝。这次，京官实在受不了了，亲手拿起那装有乳腐的罐子刚要往河里倒时，被他的母亲拦住了。这缸乳腐便幸运地被带到了北京城。

或许是车马劳顿，也可能是水土不服的缘故，一到北京，这位老夫人就感觉身体不适，口中无味，任何珍馐佳肴都引不起食欲，就想起了从老家南桥带来的那罐乳腐。打开罐盖后，她只觉得香气扑鼻，夹起一块放到嘴里，鲜美无比，不禁食欲大开，就着乳腐吃着米饭，身体也很快复原了。这让那位京官着实摸不着头脑，不过既然母亲大人好这口，那就叫人去买吧。但是北京和其他地方的乳腐就是不合老夫人的口味。京官只能硬着头皮派人回家乡大批购买鼎丰酱园的乳腐并运回京城，不仅给母亲吃，还分送给同僚。同僚官员们起初也不觉得稀罕，可是品尝后无不大加赞赏，从此南桥鼎丰乳腐在京城名声大振。一时间南桥的乳腐成了热门货，那些消息灵通、头脑活络的商人就来南桥贩卖鼎丰乳腐，据说收益还不错。

在奉贤本地还有另外一个版本，说的是在清朝光绪年间，奉贤南桥人陈延庆考中了翰林，官至山西学台。有一次他探亲返里，几天来与地方官员和乡绅名流互相宴请，吃腻了鱼肉荤腥，就用京中同僚馈送的名产乳腐待客，打开盖，众人不禁大吃一惊，原来千里迢迢带回来的京城乳腐，竟是奉贤本地所制，众人甚觉有趣，就相当于现在有人在美国买了个美国货回来，拆开包装一看竟然写着“Made in China”。老板听到这个消息，就精心赶制了“进京乳腐”大型匾额，高悬于店内。于是“进京乳腐”的美名就流传至今。

（编写：枫　和）

沪郊百宝：三林酱菜

项目名称	三林酱菜制作技艺
项目类别	传统技艺
保护级别	区级
公布时间	2013年
所属区域	上海市浦东新区

一、项目简介

三林酱菜是以浦东三林塘民间独特腌制酱菜的操作方法制作各种酱腌菜的统称。由于其品种多、操作方法各异、产品风味符合上海地区市民口味而流传至今，闻名沪上，还曾出口日本、香港、东南亚等国家和地区。

三林酱菜在我国酱腌菜生产的历史上是一个奇葩。其他地方生产的酱腌菜，基本上都是为单一品种制作技艺命名的。而三林酱菜是一个统称，其包含三林塘酱瓜、小乳酱瓜、面酱甜包瓜、神仙大蒜头、三林大头菜、桂花大头菜、龙眼萝卜头、白糖乳瓜、榨菜丝、玫瑰酱乌笋、茄子干等等，其制作技艺各有千秋，使人爱不释手。

由于三林地区紧靠上海市区，受海纳百川海派氛围影响，三林酱菜在20世纪60到80年代，在制作技艺上，借鉴了国内许多酱菜制作老字号的传统酱菜制作技艺。比如，将北京的六必居、上海的老紫阳观的当家品种，融合三林塘传统制作技艺，生产出符合上海口味的酱菜，丰富三林酱菜的品种。

二、历史渊源

三林酱菜正式进入上海滩，是从三林镇上万泰酱园开始。但实际上，三林酱菜，特别是其中的三林塘酱瓜，在万泰酱园之前，在三林塘民间就有悠久的制作历史，享有声誉。三林塘酱菜的发展大致经历了以下几个阶段：

（一）萌发期：贡品在民间诞生

相传宋仁宗皇帝的太后因厌食，茶饭不香，相爷夫人闻讯后，便送来一小坛三林塘酱瓜，那太后一品尝，胃口顿开，越吃越想吃，仁宗皇帝立刻颁旨封三林塘酱瓜为贡品，时时进京。

明朝正德年间，官居江西参议三林塘人储昱，奉皇命监督重建紫禁城的乾清宫时，常以家乡的小乳酱瓜等三林塘酱菜佐以饭食，引起正德皇帝好奇，尝味以后称赞不已，遂定名贡品，作为皇帝御膳。

三林镇上的万泰酱园成立于清朝光绪年间（1888年），地址在三林镇东林街西端。开始以生产酒、酱油为主，酱菜生产小打小闹，门市供应而已。

20世纪50年代，在浦东三林塘，家家户户都有大大小小的酱缸，最普遍的是直径约35厘米、高约16厘米的扁酱缸，一般放在平房的屋檐上。按照习俗，春季发面黄下酱，通过晒制发酵后成甜面酱，黄瓜、乳瓜、菜瓜等瓜果蔬菜夏季出产，就进行酱渍，从而形成酱瓜；或者用生瓜以面黄进行腤制变成甜包瓜；或者萝卜头进行酱渍成龙眼萝卜头、盐渍生成萝卜头（干）；或者雪菜经晾晒、堆热、盐渍成色泽黄亮、味道鲜美的雪里蕻咸菜等等。自己吃不完，拿到市场销售，这种习俗在农村一直沿袭到20世纪70年代。

（二）发展期：品种在传承中增加

20世纪50年代，万泰酱园（后改名为红卫酿造厂、上海县三林酿造厂、上海万泰饮料调味品厂）合并福新酱菜店，正式开始规模化生产酱菜。因酱菜制作师傅何维才的开拓创新，1956年首家开始批量生产仿制云南大头菜（又称三林大头菜），产品由上海果品杂货公司经销，行销市区，从而使三林酱菜在上海滩有立足之地。同时通过对三林塘民间酱菜传统制作技艺的研究开发，并吸取国内各老字号酱菜制作技艺的精华，不断扩大酱菜品种。到1968年，万泰酱园生产过的酱菜品种达80多种。三林酱菜在产品品种、生产规模等方面迅速发展。特别是1956年合作社化时成立红光蔬菜加工厂（后改名为浦东新区三林酱菜厂），师承于万泰酱园，加入了三林酱菜的制作技艺，使三林酱菜在上海占有一席之地。

（三）成熟期：科研催发新风味

20世纪60年代末，在计划经济支援农业的形势下，万泰酱园退出一般酱菜生产，向酱菜产品的质的提升转变。1979年到1981年，在上海市供销合作社科技生产处牵头下，自建蒸汽加热热风隧道，经过三年摸索研究，成功地应用了热风脱水新工艺生产榨菜丝，并获得1981年上海市重大科技成果三等奖。同时，对仿制云南大头菜（当时称为上海大头菜）的操作技艺进行改进，结合三林塘土古法酱瓜生产技艺，在不改变其色泽、形状、质地等方面，使风味更符合上海本地的特色。

（四）鼎盛期：产品成“沪郊百宝”

20世纪80年代，作为菜篮子工程，三林酱菜厂开始进入专业、规模化生产的鼎盛时期，对产品进行筛选。着重保留了碧色小酱瓜、白糖乳瓜等当家产品，坚决按照传统技艺进行操作，保证其三林塘酱菜的本来特点，以产品的独特风味来吸引消费者，赢得市场。当时产品有四十多种，厂区占地近30亩，产值近200万元，其中桂花大头菜于1987年被评为上海市局优产品。1999年，三林牌酱菜被上海市农村党委、新民晚报等单位推荐为“沪郊百宝”。

2007年开始，上海三林酱菜有限公司恢复三林大头菜的生产，产品虽然价高，但按照传统技艺生产，质量保证、风味独特，得到消费者的肯定。近几年来，虽经几次搬迁，但规模不断扩大。2013年，上海市浦东新区人民政府将三林酱菜制作技艺列为区级非物质文化遗产，上海三林酱菜有限公司作为其保护基地。2014年，三林酱菜传承人何新路根据土古法酱瓜生产技艺，试生产酱乳瓜、酱萝卜头，而且采用真空包装、不添加食品添加剂，使产品保有原汁原味，经试尝、试销，得到市民的肯定。

（五）衰退期：三林酱菜厂萎缩

20世纪末，万泰酱园（当时称为上海万泰饮料调味品厂）停止生产。三林酱菜厂萎缩到生产难以维持的困境，大部分厂房、场所出租，同时成立庆丰酿造调味品厂生产调味品。在2002年改制为私营的上海三林酱菜有限公司，进行专业化酱菜生产，最后搬离了生它养它的地方。

三、传承族谱

何维才（1919—1991），祖籍上海青浦，年幼时曾跟父亲学习中医，后来到上海学生意，当学徒。1949年以前曾到上海福寿制酱公司学习酿造、酱菜生产技艺。从1950年开始在福新酱菜店从事酱菜生产，从而与三林酱菜结下不解之缘。1979年退休后，被万泰酱园留用，担任企业的技术研究、技艺传授工作，一直到去世。

何维才通过民间口传以及自己的实践经验，再经过万泰酱园、红光蔬菜加工厂的实际操作，进行记录，并对酱菜的传统制作技艺进行不断的研究、改进，并博采众长，留下了原始记录三本，经验总结记录两本，还有零散的生产工艺流程图及操作要点记录。同时在专业刊物上发表生产经验文章，为三林酱菜的传统制作技艺，留下了宝贵的非物质文化遗产。

何维才的一生，对三林酱菜的发展，以及对三林酱菜在上海滩知名度的打造，做出了不可磨灭的贡献。其中仿制云南大头菜使三林酱菜成为上海滩的一块里程碑，而热风脱水新工艺生产榨菜丝将三林酱菜的传统技艺升华到高科技境界。

由于历史原因，何维才一生没有正式收过徒弟，但传授技艺从不保守，其中红光蔬菜加工厂的张文奎，就是在何维才的指导下，成为红光厂生产三林酱菜的技术骨干。

何新路（1949— ），何维才的大儿子，1968年在万泰酱园学工，遵照何维才的要求，将何维才1950年到1968年的酱菜生产工艺流程、操作要求进行抄录。1969年在上山下乡中到三林人民公社红旗大队插队落户，同时也接触到了三林塘农民的酱菜制作技艺。1979年顶替父亲进万泰酱园工作，跟随何维才学习酿造、酱菜制作。由于工作认真、技术钻研，在1995年通过国家规定的高级技师考核，获得上海市劳动局颁发的中华人民共和国高级技师合格证书。同时也获得1995年上海市优秀技师荣誉。2015年6月，被认定为上海市浦东新区非物质文化遗产项目三林酱菜制作技艺代表性传承人。

四、代表性产品

甜包瓜：醅制酱菜，俗称“填黄子”，流行于长江三角洲。而三林的甜包瓜就是这种传统制作技艺的代表。

甜包瓜的制作必须先准备辅料，即用面粉蒸熟后通过制曲发霉，制成散黄，晒干，因其外观色黄，故称黄子。甜包瓜原料采用鲜生瓜（又名菜瓜、牛角瓜），先经石灰盐水擦瓜清洗、刺洞、低盐初腌、晒白复腌，然后进入醅制：用一层菜胚一层面黄酱（黄子加盐水搅成糊状）、最后面黄酱封盖（故称“填黄子”）。醅制阶段要经过一个多月，通过翻缸、撬缸，日晒夜露（防雨淋），待面黄发酵成熟成面酱，其中的生瓜也酱渍成熟，成为整条、外表黄亮透明、带有浓郁酱香、上口脆嫩甜鲜的甜包瓜。

白糖乳瓜：在上海已经有近百年的历史，原是上海老紫阳观的一个传统特色产品。上海老紫阳观土产食品商店创建于1860年，当时店址设在昼锦里，原料采用乳黄瓜。乳黄瓜有颜色淡黄的平望种和颜色青翠的扬州种。由于乳黄瓜十分娇嫩，采摘后必须及时加工。而当时老紫阳观所用原料采购于苏州，故采用由当地进行先期加工，制成酱渍的半成品或咸胚，再运抵上海后进行继续加工，由于原料有平望和扬州两种，颜色各异，虽然分开制作，但产品颜色也各异，故产品色不同，但透明、味鲜甜、有酱香、质脆嫩。

三林酱菜厂根据老紫阳观的制作方法，采用三林塘种植的平望种乳黄瓜。制作白糖乳瓜，同样采用鲜胚，先用淡盐水洗去泥质及表面苦味，然后经过盐渍、晒胚、二次酱渍、晒胚，最后糖渍成产品。因此产品为卤性，由于采用淡色甜面酱酱制，再加上专门采用平望种淡黄色乳黄瓜作原料，因此产品外观色淡黄色，瓜身晶莹，与老紫阳观产品在外观上相比，独具一格。同时保持色透明、味鲜甜、有酱香、质脆嫩的特点。

桂花大头菜：产品呈深黄色圆片，边皮有自然皱纹，有浓郁的桂花香味，香脆爽口，甜鲜生津。原料选用1公斤以上无受冻、无空心、无硬筋新鲜大头菜，从中段截切二三片，片厚15毫米左右，片张大小均匀。用甜味酱、优质酱油和砂糖作佐料腌制，最后拌白糖、桂花而成。其操作繁琐：要六浸六晒；制作时间长，从投料到产品出来六个月。

1987年，三林酱菜厂生产的桂花大头菜获得上海市农业局的局优产品。这是对三林酱菜厂的独创操作技艺的肯定。桂花大头菜从1961年面市以来供不应求，1970年起被列为出口食品。

五、你知道吗

在20世纪50年代初，采用芥菜（本地大头菜）为原料的云南大头菜风靡上海滩，何维才根据自己的酱菜制作技艺，大胆创新，采用三林塘种植的洋种大头菜（芜菁甘蓝），经过四晒四渍，生产出与云南大头菜相媲美的酱渍大头菜。产品在上海试销，得到市民的认可，从1956年起在万泰酱园正式批量生产，并由上海市果品杂货公司经销。由于在腌渍、晒胚、酱制工序，各道严格、适时把关、配料考究，鲜、甜、咸、淡适口，香味幽雅，半只大块，黝黑光亮，外形美观，久贮不变质，很受市民欢迎，与云南大头菜不相上下，故第一次定名为“仿云南大头菜”。

1956年7月16日上海市食品杂货公司向何维才索要其生产操作方法。1958年9月商业部蔬菜果品局在上海召开全国咸干菜加工会议，一面举办展览会，互相观摩，一面又成立技术专业小组，进行研究。为进一步提高与改善蔬菜加工技术，保持和发扬具有悠久传统的加工方法，编制一本《干、腌、酱菜加工法》，全国共计有58个品种入选，仿云南大头菜作为上海地方特色产品，在酱制类产品中与云南大头菜并列。这就是三林大头菜的前身。

1960年起，作为上海地方特色品种，该酱菜被统一命名为“上海大头菜”。从20世纪80年代起，何维才根据三林塘传统土古法制作酱瓜的技艺，在不改变产品的外观、质地的情况下，对操作流程、产品配方进行修改，使产品更符合高端酱菜风味，适应上海市民的追求。该产品操作技艺曾在《上海调味品》1991年第3期登载。现在上海三林酱菜有限公司生产的三林大头菜基本按此方法生产，但由于生产场所、原料等限制，产品只能季节性上市供应。

（编写：越　人）

甜蜜之旅：义乌红糖

项目名称	传统制糖技艺（义乌红糖制作技艺）
项目类别	传统技艺
保护级别	国家级
公布时间	2014年
所属区域	浙江省义乌市

一、项目简介

义乌红糖是义乌著名的传统土特产品。义乌“红糖之乡”的名声传扬已久。义乌红糖因色泽嫩黄而略带青色，故又名为“义乌青”。素以质地松软、散似细沙、纯洁无渣、香甜可口著称。在民国18年的西湖博览会上被授予特等奖。而早在700多年前，“金元四大家”之一的朱丹溪（义乌人）就在他的医学著作《格致余论》中记载了使用红糖治病的医案。

义乌红糖不仅可以泡饮、即食，更有不少用义乌红糖润色的美食。比如红糖麻花、红糖姜糖、红糖蜜枣、红糖炮筒等等，每一样都大受市民喜爱。

如今，义乌红糖已获得国家农业部颁发的义乌红糖农产品地理标志登记证书。义乌红糖制作技艺，也成为首个以“义乌”冠名的国家级非遗项目。

二、历史渊源

义乌红糖有据可依的历史已有七百余年，清顺治时贾惟承引进并推广了木糖车榨糖技术，使义乌糖蔗生产进入商业化轨道，能作为大宗商品出售。据《洋川贾氏宗谱》记载，义乌木糖车榨糖始于清顺治年间（1644—1661）。最盛时期在20世纪30至40年代。民国35年种蔗面积6.67万亩，产红糖约1万吨。解放前，因销路和政策的影响，生产屡有起伏。

（一）萌发期：甜蜜事业，“燕里”起步

清顺治年间，佛堂燕里村人贾惟承首先从温州引进种蔗制糖之法，燕里村是义乌“甜蜜事业”的发源地。在清朝乾隆时期，义乌人就以红糖制成姜糖，换取鸡毛等形式，摇着拨浪鼓走四方闯市场。上世纪初，糖蔗区以佛堂、义亭为主。糖蔗种植则远在此之前，但只当鲜果食用。本世纪初，红糖产区还只取于义亭区和佛堂区周围，上世纪30年代才逐步扩大到城阳区。民国18年（1929年），义乌黄培记号生产的红糖在西湖博览会上，荣获特等奖，义乌青红糖从此名声大振，为义乌著名的大宗土产品，一直畅销全国各地，有的还远销国外。

历史上，义乌红糖的生产规模小，生产工具和工艺技术都十分落后，产的糖数量少、质量差，是为自食自用的自给性生产。逢好年景，农民除自食自用外，也挑往集市，少量出售。待红糖生产有一定规模的发展以后，红糖市场开始出现。出县城往西南30里的佛堂镇，由于水上运输方便，历史上是商业较发达的集镇，也是红糖的主要集散地。每当红糖上市旺季，县内外客商云集。

（二）发展期：改良工艺，制取红糖

据民国九年《义乌县志》残稿记载："制糖厂民国六年在佛堂镇开办，颇著成效。"抗战前，在普遍采用牛拉木车（或石头滚子）的落后办法榨糖的同时，在当时的义亭镇有个上海人开始用压榨机榨糖，效率倍增。该村农民开始尝到了体力消耗省、工效高的甜头，周围农民也大开眼界。

直到1933年，当时的浙江省政府拨了部分款子，在江湾村开始办机制糖厂，用机械压榨，用离心机制取白糖，并加工冰糖。这在当时是一件很新鲜的事，周围的农民去看得很多。但这个厂不仅规模很小，更由于糖水榨不干净，经济效益很差，后就不得不采用直接向农民收购糖水的制糖办法，使义乌糖蔗生产进入商业化轨道，能作为大宗商品出售。

种蔗制糖的最盛时期是民国35年（1946年），种植面积达6万余亩，居浙江全省首位，义乌成为省重点产糖区。每年冬至前后，大批的甘蔗成熟了，一眼望去真的是甘蔗林青纱帐。到处是糖蔗，村村镇镇的空气中弥漫着浓浓的糖香。

抗战胜利以后，外省食糖流入浙江市场，红糖滞销。"卖糖难"成了糖农的一大心病，压抑了糖农的生产积极性，红糖生产一年不如一年。1949年全县红糖产量仅7万担左右。

（三）成熟期：机械压榨，产量大增

解放以后，红糖生产迅速发展。到1954年，全县红糖生产量已达18万多担。据统计，当年全县、乡两级供销社共有25个红糖收购点，另外还组织下乡巡回收购。旺收季节，每日收红糖1500多担。县工商联在政府有关部门的支持和组织下，红糖购销工作非常活跃，协助各地收购点快收快调，今天收，明天调，将红糖运销杭州、嘉兴、宁波、舟山、金华等地，成绩显著。从那时起，义乌红糖声誉大振，产、销量占全省数量的三分之一还多，成为全省红糖的主要产区。1956年前后，义亭的雅文楼、王宅乡的东山、合作乡的晓联办了半机械化糖厂，用动力压榨，用改进了的土法熬糖，制的仍然是红糖。

1965年12月，一座日榨鲜蔗500吨的完全机械化的糖厂，终于在佛堂镇西北的杨宅村附近拔地而起。与此同时，广大农村也逐步采用了机械压榨。到上世纪70年代，几百年来的牛拉土榨办法已全部被淘汰。过去2个多月的榨期，当时只要20天左右就可以加工结束。糖农再也不用担心绞糖时因低温冷冻而遭受损失了。1982年，全县食糖生产量达到29万担，比1949年增长4.2倍。

（四）鼎盛期：红糖产业，甜蜜之旅

从20世纪90年代中叶起，受国际低糖价的影响，义乌红糖及其产业逐渐步入困境，面临着消失的危险。为了更好地保护和传承红糖产业，义乌市政府坚持科学发展观，在义亭镇西楼等村建立了糖蔗重点保护开发基地，并选用优质品种，采用标准化栽培技术，努力改造加工环境，提升榨糖工艺，开发系列红糖产品。从2005年起，年年举办红糖文化节。近几年来，不仅使种蔗制糖传统产业焕发了生机，而且使红糖文化的底蕴得到充分展现。如今红糖节越办越红火，还借助红糖节这个平台，开辟了一条红糖休闲旅游之路，吸引了八方来客，每天有上万市民到红糖产区义亭、佛堂进行甜蜜之旅。

（五）衰退期：学艺艰苦，后继乏人

和许多非遗项目一样，义乌红糖制作技艺面临着挑战。义乌传统红糖制作技艺以口传心授的方式靠师徒传承，但因红糖制作经济效益不高，学艺枯燥、艰苦，导致该行业中年轻人大量流失。

“种蔗制糖是个辛苦活，前三季度要种蔗养护，每年的11月初到过年则要忙活熬糖，这也是一年中最辛苦的日子，每天一干便是12小时，师傅们吃饭都得在车间边干边吃，稍有不留神，糖很容易烧糊。”一位传承人如是说，这差事实在累人，就是因为实在太过辛苦，所以现在愿意学习红糖制作的年轻人几乎没有。

三、制作工艺

红糖是糖梗的糖水中榨出来的。糖梗和甘蔗不一样，糖梗是青色的，甘蔗是紫色的。糖梗相较甘蔗糖分高，水分少。所以适宜制作红糖。

制作步骤：先把糖梗在机器里压干，把糖水盛在锅里。到了大锅里，放点小苏打，糖水里的杂质就变成泡沫，浮在水面上，工人们把泡沫捞上来。过一会，糖水沸腾了，被传到第二口较小的锅中，糖水变浓了……就这样往后面传，越到后面，锅越小，糖水越浓，水都蒸发了。到了最后一口锅，工人们不停地搅拌，基本成为糖浆的时候，就可以出锅了。把它们盛到木床上，有的要放点小苏打，有的不放。放了小苏打之后，工人们会用锅铲翻来翻去，就像松土，有时还会把在上面乱飞的蜜蜂给活埋了。

衍生产品：红糖还能做出很多的衍生产品，如：芝麻糖、麻花糖、姜糖……其中最流行的是姜糖。它的步骤前面和红糖制作一样，后来还要加上生姜粉一起熬，到了快成固体时，倒入“铁船”，“铁船”浮在水面上，这样会让姜糖快点冷却。冷却后用机器打糖，再把它搓成蛇一样的长条，钻进轨道，经过齿轮，变成一串串的，犹如链条。“叭……”一摔，一串串就变成了一颗颗生姜糖。

综合利用：红糖煎制时，有一层渣滓浮在糖水上面，为保证红糖质量，必须将其捞出。过去都将捞出的渣滓作为废物遗弃。从1954年开始被用来酿制烧酒，不仅废物利用，变废为宝，而且，糖沫烧酒，出酒率高，质量好，其味甜美可口。糖沫制酒后还能提炼蔗蜡。

此后，又从糖壳中酿制出糖壳烧酒。到1983年，仅义乌糖厂一家，利用糖蔗的副产品酿制的烧酒就近万担。至于用糖蔗渣造纸、养菇等的综合利用，也早已到处可见。

四、你知道吗

440多年前，燕里村有个叫贯惟承的木匠。有一次，他无意间听一个闽粤客商说，他们家乡的糖蔗不但甘甜，还可以制成四季都能存放的食糖。闽粤客商的话，让贯惟承起了把糖蔗引种回家的决心。

经过几个月的艰难寻找，贯惟承到了盛产糖蔗的闽南地区，并且凭着一手好木匠活，在一个叫闽越的村子里站稳了脚跟。但是，族里有族规，种蔗制糖术传子不传女，更不许外人偷学。为了成为合法的闽越村民，贯惟承只得与村里的一个寡妇成亲。

从此，贯惟承得以融入当地糖农的生活，几年后，学到了整套的种蔗榨糖技术。后来，贯惟承找了一个机会，将几节蔗种和一小包红糖偷偷藏在雨伞里，悄悄逃回了燕里村。

次年一开春，贯惟承就将带回来的蔗种按照闽南的种植方法进行种植，第一年收获的糖蔗，贯惟承一根都舍不得吃，全部埋掉，留作第二年的糖种。第二年冬天，糖蔗获得大丰收。第三年，贯惟承花了几个月的时间，动手做成了燕里村第一部木榨糖车。

就这样，经过前后20年的努力，燕里村成了义乌红糖的发源地。贯惟承从此被称为义乌的糖公。

很久很久以前，离义乌城西十里许，住着一个独贴鳏，不知名，不知姓，因身材高大，大家都唤他为大个头。他帮人家做长工，出门鸡啼，回家星齐。

一日，他上山砍柴，没料一霎时天昏地暗，飞沙走石，风啸雨倾，被淋得像落汤鸡一样。大个头虽体强力壮，但因凉风打，冷雨浇，两眼发黑，突然晕倒在山脚下。正在此时，恰巧被一个年轻女帮工碰见了。大个头与女帮工原是一根藤上的苦瓜，在长期的辛劳中，两人相互帮衬，相互体贴。女帮工见此情形，蓦地想起名医朱丹溪谈过红糖是治疗多种疾病的一味良药。于是，便赶忙烧好热腾腾的滚汤，泡碗浓浓的红糖姜汤，马上给大个头灌了下去。没多久，大个头发紫的口唇皮又开始红润了，眼睛微微睁开了。女帮工又赶忙泡了一碗，大个头喝上第二碗红糖姜汤，顿时神志清醒了，精神一振，浑身一阵畅快，从柴堆上翻身而起，望着眼前的女帮工，激动得热泪滚滚而下。

鱼儿得水喜相逢。从此以后，大个头与女帮工的感情更浓了，他常常来帮她做零活、挑水、送柴。日子一长，两人愈来愈亲热，于是他们就请苍松做媒，青山作证，欢天喜地地成了亲，结为夫妻，一切如意。此时，大个头真像掉进糖罐里啊！

寒来暑往，女帮工有喜了，都讲说："喜事临门，高高兴兴。"不久，在一个月白风清的夜里，生了一个白胖胖的囝，大个头喜出望外。

产后的女帮工，流了一些血，元气大损，体质虚弱，面色蜡黄，四肢乏力，茶不饮，饭不吃，一天比一天消瘦，急得大个头整日不安。一天，大个头见到老婆紧闭双目，与自己那次发病的情景十分相似。因而，他每天给她泡红糖茶吃。果然，食后功效很好，渐渐地筋舒了，血活了，面色红润起来了，走路也有劲头，奶水也富足了，宝贝儿子也被养得白白胖胖。从此，红糖药用的名气大振。

不知过了多少年，一次，河南遭特大水患，洪水冲开河堤，围困了开封城。宗泽率领将士日夜疏通河道，筑固河堤。当时将士因终日辛劳，受冷闹肚子的很多，宗泽心里着实不安，便用乡亲送去的土产红糖，泡成热茶，慰劳将士们。谁知大家一饮，暖了身子，出了一身汗，腹泻肚疼也好了，抗洪劲头更足啦！宗泽晓得红糖是个极好的营养食疗食品，又将红糖分给抗洪的黎民百姓饮服。从此，黎民百姓都知道了红糖确是一味良药。从那以后，人们凡是被雨淋，受风着凉时，便一杯红糖姜汤，以祛除风寒，清湿补热；女人生小孩后，元气大损，而红糖性温，具有益气养血、健脾暖胃、驱散风寒、活血化瘀的功效。又用红糖拌煮红枣、花生、核桃、鸡蛋等，具有益母草的功效，能促进子宫早日恢复。因此，红糖养生祛病的疗效越来越受到肯定。经数百年，民间用红糖治风寒感冒、补血健身的方法沿袭至今。

（编写：李明涛）

传世精品：恒顺香醋

项目名称	镇江恒顺香醋酿制技艺
项目类别	传统手工技艺
保护级别	国家级
公布时间	2006年
所属区域	江苏省镇江市

一、项目简介

镇江香醋以“酸而不涩，香而微甜，色浓味鲜，愈存愈醇”等特色居四大名醋之冠。

镇江香醋是一种典型的米醋，采用独特的传统工艺，工序复杂，操作细致，要求严格，在同行产品中不仅色、香、味独占鳌头，而且用现代手段检测其各项理化指标也位居首位，特别是氨基酸含量。它的成功在于其延用至今的固态分层发酵等独特的酿造技艺，在我国酿醋行业里独树一帜。

二、历史渊源

1840年清道光年间，镇江诞生了恒顺酱醋厂，经过170多年的传承和发展，镇江香醋以其质地优良、风味独特，跃居全国四大名醋之首，香飘四海，成了古城镇江一张飘香的名片。镇江几代制醋人，用百年艰辛铸就特色品牌。

（一）萌发期：朱兆怀创办了“朱恒顺”

江苏丹徒西麓村人朱兆怀，祖辈主要经营铁炭行。某年，一山西客人运来大批铁和炭，委托朱氏代为出售，然后该客去山西运货却一去不返。朱氏毫不费力因此致富。发财后，朱氏后代在镇江附近开设企业。单在扬州就设了7个布店2个酱园店，故在扬州有“朱半城”之说。在谏壁则开设了恒大酱园、嘉泰当典。道光二十年（1840年），朱兆怀创建了“恒顺糟坊”，酿制百花酒。

关于百花酒，梁代《舆地志》记载：“镇江出酒，号曰‘京清’。黄者为‘百花’，黑者为‘黑露’。”民间传言，许仙和白娘子在镇江城五条街开了一家药店。那年初秋的一天，许仙带领药工外出采药，回程途中突然狂风四起，暴雨如注，所乘木船被风雨白浪打翻于江心。第二年，翻船之处长出一山，人们称之为船山。山上长满了花草，一位仙女下凡，嫁与船山农家。春暖花开之际，仙女上山采集百花，以花酿酒。其酒甘醇，香气浓郁，取名“百花酒”。

百花酒以糯米为原料，除用大曲外，还自制细曲，并用长江的龙窝水酿制而成。质地优良，具有“香、甜、醇、厚”的特点，酒性温和，既有兴奋作用，又有补益功能。清朝地方官采为“贡品”献给皇上，使京城人也为之倾倒。就连当时北京盛名一时的“京江会馆”也改名为“百花会馆”。

据史料记载，从1893年到1911年，恒顺糟坊最兴旺的时期年产百花酒约210吨，醋110吨，酱220吨。百花酒曾于1908年参加巴拿马赛会，1910年参加“南洋劝业会”，均荣获金牌奖章。从此，走出国门，走向世界。

因为酒的产量直线上升，酒糟的处理成为一个问题。开业十年后，1850年，恒顺开始利用酒糟加入谷壳发酵，酿制成风味独到的镇江香醋，并因此将牌号改为“朱恒顺糟淋坊”。

与此同时，镇江的通商开埠促使“朱恒顺糟淋坊”扩大酒、醋生产的规模，并开始用黄豆和面粉制酱，自设门市经销，批发零售独家酿制的产品。恒顺也开始涉足榨酱油、制酱、腌制酱小菜。由于产品质量精益求精而销售日广，作坊生产迭增。恒顺香醋在民国初，年产达3000坛（每坛按70市斤计重）。此后，恒顺便开始蓬勃发展。

（二）发展期：李皋宇辉煌了“李恒顺”

1911年，“朱恒顺”传到了第三代朱小山的手中。自此开始，恒顺的经营日益腐败。在生活难以维持的情况下，朱小山竟然将地基和房屋出售给了天主堂。1926年5月，朱小山通过多方接洽盘让事宜，终于以38000元将恒顺盘给了镇海的李皋宇。

李皋宇是个了不起的企业家，为人精明强干，既能守业，又能创业。他除了接手恒顺外，还接办了清江大丰面粉厂、高邮裕亨粉厂、泰州泰来面粉厂、扬州面粉厂、南通复兴面粉厂、无锡泰隆面粉厂、镇江贻成面粉厂，同时还投资常州民丰纺织厂、苏州植物油厂、上海三友实业社、天利氮气厂、天原化工厂。此外，他也是镇江水厂的创办发起人之一。

李皋宇接手恒顺后，以生产酱醋为主，制酒为辅，通过提高产品质量、改进包装、扩大销售等做法，压倒了同行。他先将自牌号改为“镇江恒顺源记酱醋糟坊”，投入原始资本4万元，另吸收亲友存款约5万元，由其三弟李纯宇任经理开始经营。

1928年，李皋宇先后延聘董仲芳、唐盛标、周受天为经理，带领企业扭亏为盈。其中，周受天熟谙酱醋生产，对产品质量把关甚严。据说每当工人抬醋醅经过经理室时，他坐在经理室内就能嗅出醋醅的优劣，而后查询究竟。因此生产工人不仅个个佩服，在操作上更加不敢马虎。

李皋宇除知人善用外，还利用自己的优势，在贻成、泰来两面粉厂购新麦时，为恒顺收进低价面粉，并利用运洋油至蚌埠出售之便，收购黄豆运回镇江给恒顺做原料。1928—1930年，李皋宇在原有西门大街总店的基础上，先后在大埂街设立第一分店，在日新街设立第二分店，在小码头设立第三分店，并在上海北京西路成立总发行所。随后，又在上海八仙桥、槟榔路及虹口开设了三家分店。

此外，李皋宇还非常注重产品商标和包装。

“本厂自制……原料不惜工本……凡蒙赐顾，请认明本厂金山商标，庶不致误……”，这是镇江市档案局一份民国时期报纸上的广告。恒顺除在1930年注册了“金山”商标外，还对酱菜、醋等分别采用马口铁罐头和玻璃瓶等当时非常时尚的包装，不仅便于旅客携带，还不易变质。

（三）成熟期：各地设厂，产量攀升

1932年，李皋宇的七弟李纯全担任经理时，恒顺的生产和业务更是节节攀升。醋和酱菜已销售到安徽、广东、广西、湖南、湖北及华北沿海城市。恒顺在外省的经销处达31家，产品同时远销南洋一带。1935年，李皋宇将“恒顺源记酱醋糟坊”正式改组为“恒顺酱醋股份有限公司”，并在上海开设了分厂。1936年，恒顺的各种产品产量都达高峰，其中，醋年产7000坛，罐头酱菜35万听，制酱黄豆1800担。

此时的“李恒顺”，已开始涉足房地产和债券等领域，达到了创设以来的鼎盛时期。

1937年，恒顺增资6万元，将总股金扩大为10万元，准备趁势发展。未料，当年抗日战争爆发。战乱及李氏兄弟的内部争斗，使恒顺的发展之路遭到极大破坏。

镇江沦陷8年，因为强烈的民族气节，李皋宇从未回镇江过问恒顺的发展，而是在上海继续恒顺的产业。

他筹集资金港币22000元，在沪西槟榔路购地3亩多建筑厂房作为生产基地，并调用了镇江厂的技术工人，生产镇江风味的香醋、酱油、酱菜。厂名则为“镇江恒顺股份有限公司上海分厂”。

抗战胜利后，李皋宇的长子李友芳在危难之际接管了恒顺，他利用自身在金融界的社会影响力筹集资金，艰难维系生产，也使老字号恒顺渡过了那个灾难深重的历史时期。以质量为生命的他还定下了一个规矩：不管哪一天，醋只要质量好，产量高，就通知厨房间买肉犒赏工人师傅。这在当时的制醋师傅们间被传为美谈。

（四）鼎盛期：传承创新，香飘海外

1956年年初，镇江对恒顺实施了私有企业的改造，成立了“公私合营镇江恒顺酱醋厂”，这也是镇江市第一家公私合营企业。

1959年，李友芳代表恒顺出席广州交易会，使镇江香醋在新中国成立后第一次打入国际市场。他在广州为了改革制醋工艺中一项繁重劳动——出锅，以1000元购买了一根防酸橡胶管。这在当时算是一笔很大的成本，但这样的投入使工效大为提高，同时也成为恒顺制醋车间管道化的示范。1964年，李友芳到上海，他的弟弟们拿出一瓶酱菜要他品尝，他认为酱菜质量很好，比当时恒顺的酱菜品质要好，一问这是台湾生产的。回镇江后，他当即建议召开车间主任以上会议，以提高质量。

上世纪70年代，恒顺用水泥池代替大缸发酵，通过3年的试验获得成功，并总结出一套新工艺，既保持了传统工艺和风味特色，又提高了产量30%，并能实行机械化操作，减轻了劳动强度。上个世纪90年代，恒顺开始技术改造，尝试从手工作坊模式转身现代化流水线生产。李友芳全程参与，以罐代缸、以池代缸、固态分层发酵……古老的食醋酿制搭上了现代化大生产的快车。

创新，是将传统的生产技艺发扬光大。通过现代化流水线，改革工艺流程，发明模仿人工的机器，恒顺迅速突破手工作坊的制约，开始大规模的工业化生产；从传统的小作坊模式，迈上现代化流水线生产的快车道，一举成为行业领军企业，国内制醋企业首个上市公司。

伴随流水线生产，传统的酿造技艺并未被抛弃。通过传承，恒顺香醋延续着古老技术中的精华，个性鲜明，从而在现代化标准生产中，保留自己的一份独特风味。同时，在文化层面上，恒顺香醋传统酿制技艺早已融入镇江的地方文化，成为一个城市的独特记忆。

近年来，镇江市建立了醋文化博物馆，搜集了传统制醋工艺、器具、古证照等，并派老制醋技师现场讲解恒顺香醋制作技艺。同时还建立了镇江恒顺香醋制酿技师中心，聘请有技术经验的退休老醋工进行技艺传授，并成立了生物技术中心和博士后工作站，对居于传统地位的镇江恒顺香醋生产技艺进行现代化的创新研究。同时还专辟场地，用于更好地保存手工做醋的传统酿醋生产技艺，更好的保护、传承和发展该项酿醋技艺。

从2010年开馆至今，镇江醋文化博物馆已接待游客逾百万。作为国家4A级工业旅游景区，它在展示酿造技艺同时，更成为传承宣扬镇江醋文化的重要载体。到这里识醋、赏醋、品醋，成为了解镇江文化的一个重要入口；也是继三国文化、宗教文化等之后，镇江旅游的又一特色。

三、制作工艺

镇江恒顺香醋，对于原料的选求极其讲究，它需用江浙鱼米之乡的优质糯米，加入自制的特别麦曲为糖化发酵剂发酵成米酒。然后，采用“固态分层发酵”工艺，即在酒液中加入麸皮、稻糠拌成固态并接种，每天分层翻动一次，进行降温、透氧醋化发酵，20多天后醋醅成熟。最后加米色进行淋醋，生醋煎煮后在陶罐中长时间露天存放。经过大小40多道工序，最终将优质糯米酿制出“酸而不涩，香而微甜，色浓味鲜，愈存愈醇”的特色，并且美味、营养、安全。

四、你知道吗

就在杜康发明了酿酒术的那一年，他举家来到镇江，在城外开了个前店后场的小糟坊，酿酒卖酒。儿子黑塔帮助父亲酿酒，在作坊里提水、搬缸什么都干，同时还养了匹黑马。

一天，黑塔做完了活计，给缸内酒槽加了几桶水，兴致勃勃地搬起酒坛子一口气喝了好几斤米酒。米酒后劲不小，没多久，黑塔就醉醺醺地回马房睡觉了。突然，耳边响起一声震雷，黑塔迷迷糊糊睁开眼，看见房内站着一位白发老翁，正笑眯眯地指着大缸对他说：“黑塔，你酿的调味琼浆，已经二十一天了，今日酉时就可以品尝了。”黑塔正欲再问，老翁却消失了。他大喊：“仙翁！仙翁！”自己便被惊醒，原来刚才是自己梦中所见，梦中所闻。

黑塔回想刚才的梦境，觉得十分奇怪，这大缸中装的不过是喂马用的酒糟再加了几桶水，怎么会是调味的琼浆？黑塔将信将疑，又正觉唇干舌燥，就喝了一碗。谁知一喝，满嘴香喷喷、酸溜溜、甜滋滋，顿觉神清气爽，浑身舒坦。

黑塔大步走进父亲房中，将刚才梦中所见、口中所尝一五一十地告诉了父亲。杜康听了也觉得神奇，便跟黑塔一起来到马房，一看大缸里的水是与往日不同，黝黑黝黑的。用手指蘸了蘸，送进口中尝了尝，果然香酸微甜。

杜康又细问了黑塔一遍，对老翁讲的“二十一”天、“酉时”琢磨许久，还边用手比画着，突然拽住黑塔在地上用手指写了起来：“二十一日酉时，这加起来就是个‘醋’字，兴许这琼浆就是‘醋’吧！”

从此，杜康父子按照老翁指点的办法，在缸内酒槽中加水，经过二十一天酿制，缸中便酿出醋来，再将缸凿一个孔，这醋就源源不断地流淌出来了。杜康父子将这调味琼浆送给左邻右舍品尝，左邻右舍也连连称道。没过多久，远近街坊都赶过来买，这醋便在镇江城内卖开了，又传出镇江城，名扬四方。

后来镇江人发现，醋摆久了也不会变质，反而存放愈久，味道愈加醇香。“香醋摆不坏”，便成了镇江醋的一大特点。

（编写：白 杨）

百味之祖：象山海盐

项目名称	晒盐技艺
项目类别	传统技艺
保护级别	国家级
公布时间	2008年
所属区域	浙江省象山县

一、项目简介

海盐晒制技艺是浙江省象山县的汉族传统技艺，起源于唐代，蕴含丰富的天文、海洋、自然科技知识和历史价值。传统的晒盐技艺，是一份极其宝贵的汉族历史文化遗产。

象山晒盐以海水作为基本原料，并利用海边滩涂及其咸泥（或人工制作掺杂的灰土），结合日光和风力蒸发，通过淋、泼等手工劳作制成盐卤，再通过火煎或日晒、风能等自然结晶成原盐。优质的盐尚有坚实，指捺不碎，正立方体，有楞有角，透明洁白，手捏后粉碎不粘手，纯洁，无羊毛硝析出等特点。整个工序有10余道，纯手工操作，看似简单却又体现出智慧。

以产盐为生的象山盐民世代崇拜自己的“盐宗”，在象山半岛上留下了丰富的历史遗迹。有资料说，全国盐宗庙仅有自贡、扬州、泰州三处，而象山有关盐宗庙宇保留至今至少尚有六处，祭祀着独具特色三个盐业神主。无论从建庙年代、供奉神主地位，还是特色和流传久远上，在浙江省乃至全国盐业史上，都堪称一绝。

二、历史渊源

象山地处浙江中部沿海，三面环海，海岸线长，浅海滩涂面积广阔，海水盐度年均30.8‰，日照时间长，风力资源丰富，具备晒盐的优良条件，是浙江省三大产盐县之一。象山晒盐的发展大致经历了以下几个阶段：

（一）萌发期：食肴之将，煮海为盐

汉代许慎在《说文解字》里这样说盐：“卤也，天生曰卤、人生曰盐。从卤，监声。”显然，盐是“百味之祖”“食肴之将”“国之大宝”。煮海为盐，起于西汉吴濞，有文字记载的产盐历史达1000多年。浩瀚的大海、广阔的滩涂、茂密的盐嵩草，是盐民“煮海为盐”取之不竭的“粮仓”。

象山制盐的历史可追朔到汉代，汉在浙江置郡国盐官。唐代初年，《新唐书•地理志》载：台州临海县“有铁、有盐”，距今已有一千三百多年的悠久历史。当时是土法零星制盐，即直接将海水煎煮，古称“熬波”。

（二）发展期：官办制盐，缸坦晒制

宋徽宗政和四年（1115年），改一家一户制盐为官办，在县东北三十里玉泉山下，设玉泉盐场置盐官，以境内玉泉山命名。当时制盐以煎盐结晶，习惯用铁盘。玉泉场辖有瑞龙、玉女溪、东村三分场，下属岑兆、木瓜、下庄、蒲东、蒲西、马岗、定山、前洋、后岭、番头诸仓，盐产区遍及沿海诸乡。元明时，铁盘与篾盘并用。《两浙盐法志》载：明嘉靖六年，玉泉场有灶十六座，其中篾盘三副，铁盘十三副。且明朝以来，皆以聚团公煎。

清康熙二十年（1682年）左右，废铁盘，改用铁锅。嘉庆年间（1796—1820），从舟山定岱盐场引入板晒结晶代替煎灶，推行不广。清嘉庆以前，制卤用刮泥淋卤和泼灰制卤二法，以泼灰为主。到了清末，盐工偶然发现在海边的石头上，有凹积的海水被烈日晒干后，结晶成白盐花。于是，象山人改“煮海为盐”为“晒海为盐”，就地取材，增设缸坦、卤池，直接将涨潮时涌入低洼海滩里的海水曝晒成盐。这成为当时象山境内主要晒盐的方法，是传统盐业生产工艺上的一大变革。并一直沿用至上世纪50年代。从现有的资料中，可查到民国时期晒盐业的代表人物严纪鳌等。

（三）成熟期：需求激增，盐场扩容

千余年来，晒盐区分布在县境缘海地区，北自钱仓，由爵溪折而南至石浦，四都，迂回二百余里，灶舍环列其中。

唐时零星土法制盐，北宋后期人口增加十倍，盐的需求激增，民国时期，盐区（场）迭有变迁，至民国30年（1941年），玉泉场产盐地有南堡、樟岙、上塘、下塘、龙头江、上中塘、下中塘、蒲湾、晓塘、金鸡山、平阳厂、下洋墩、中泥、竿头。民国末年，玉泉场一度广辖三门、宁海、象山三县，为历史上所未有。

此时，象山制盐经历过熬晒盐、烧晒盐、灰晒盐、板晒盐、摊晒盐、膜晒盐等阶段，特别是烧盐中的“擦生盐”“荆竹盐”“盐砖”属盐产品中的精致盐，古代叫“贡品盐”。

在盐业生产技艺方面由落后逐步走向先进，由笨重的人力担土逐步走向科学。解放后，开始的两年，还是采用“刮泥、淋卤”的老方法，但是逐步地讲究盐的质量，把“大锅烧细盐”的方法取消了。

（四）鼎盛期：平滩晒制，机械化操作

1952年以后，象山开始试验平滩晒制，1963年得省里专家肯定，1965年后逐步改造原灰晒盐田为滩晒，1980年以后全面实行。这是盐业制法的又一大变革，成为象山晒盐的主要方法。其间，曾于1958年从日本引进流下式盐田、枝条架与平滩三种制卤设备，时称“流枝滩”。虽蒸发率较高，制卤周期短，增加成卤量，终因枝条造价成本高而中止。

上世纪60年代后试验成功平滩晒法，采用新技术，并用机器逐渐代替手工操作，传统晒盐技艺逐渐退出历史舞台。在上世纪90年代初，老盐区金星、番头等少数盐场仍保留手工与机械操作并存的状况。

过去采用“坭场结晶”，晒起来的原盐即黑又脏。然后采用“缸爿池结晶”，比起“坭场结晶”好得多。自20世纪80年代开始直到现在，都是采用“黑膜池结晶”的方法。这样晒出来的原盐，一是产量高，从过去一个工人一年只晒20至30担盐，到现在一个工人一年能晒400至500担盐；二是质量好，就是氯化钠含量高，色泽白净。

1949年以后，象山盐区（场）几经调整废兴，至上世纪70年代末，形成昌国、花岙、白岩山、新桥、旦门五大骨干盐场。总面积近30000亩，比原盐地增加近10倍。

（五）衰退期：盐田萎缩，盐民转业

随着经济体制的改革和现代生产技术的引入，盐场的生产经营方式及格局也发生了变化。由于传统晒盐是手工劳动，艰苦笨重，工艺设备简陋，所以新中国成立后，政府多次整饬盐务，引进新技术，削减人员。劳动条件的改善，某种程度上就是废弃传统的手工作业。

上世纪80年代初期，农村实行家庭联产承包制，许多老盐区废盐转业，办起了养殖场、冷冻厂、育苗场，新建盐场则采用机械化操作，传统晒盐赖以存在的场所消失，多种现代化的机械正在不断取代传统的加工器具，传承面临着危机。一些老盐民尚能表述一二，但恢复、传承似乎没有必要了。其次，随着社会的变迁，传统晒盐技艺开始慢慢萎缩。从2004年开始，盐田面积萎缩，很多盐民转业，从鼎盛时期的2000多人减少至现如今的近300人。依旧坚持从事盐业生产的工人绝大多数年龄在40岁以上。

再者，因为受自然条件等限制，浙江的制盐成本相对较高，在跟江苏、福建等地的市场竞争中，往往处于劣势。而且沿海土地越来越紧张，盐场未来会怎样？谁也无法预料。2005年，象山县文化部门保留重点盐场，划定盐场保护区，防止盐区海水受污染。对传统盐场进行调查摸底，访问老盐民，收集、整理晒盐工艺，建立档案，开展象山晒盐和盐文化的系统研究。

三、特色工艺

盐以海水为基本原料，并利用近海滩涂出现的白色之泥（咸泥）或灰土（泥），结合日光和风力蒸发，通过淋、泼等方法制成盐卤（鲜卤），再通过火煎或日晒、风能等方式结晶，制成粗细不同的成品盐。整个生产过程有10余道工序，主要包括（以晒灰制卤和煎灶、坦晒为例）：

开辟滩场工序：近海筑塘御潮，建水闸，纳潮排淡；开沟筑塍为界，成方块滩场，环场沟渠贮海水（另同时挖若干潭贮潮）。

制灰土工序：先用削刀削松滩场泥，以碌扒碌碎泥块，再用竹竿搅泥成细，形如灰状。挑潭中海水，用木瓢洒泼匀透，使泥（灰）吸收水中盐分，日中再泼再晒，至日落，以削刀将泥（灰）集聚，用木板夹成长堤状，以防夜雨。次日天晴，仍翻扒推平，以碌扒扒松，方法如前。一般盛夏二日至三日，秋冬四日，泥（灰）中已饱含盐分。

制卤工序：在滩场中心便利位置筑土圈如柜，长八尺，阔6尺，高2尺，深3尺，称灰溜。在溜旁开一井，深8尺（或用缸以承溜），溜底用短木数段平铺，木上再铺细竹数十根，覆以柴灰，然后填所晒场泥（灰）入溜中，用足踏实，再以稻草覆灰，挑潭中海水泼草灰上，使缓缓潜渗入井中，即成咸卤（鲜卤），可上灶煎盐。测卤咸度用石莲沉浮而定。后改为用柴灰平铺盐田，引海水入盐田，吸取其咸分。灰晒干后扫成堆，如是重复二天，灰中饱含咸分。再挑灰至漏碗，灌海水至漏底，即成鲜卤。

结晶工序：说到这一工序，不得不提煎法和坦晒。煎法：设泥灶，用铁盘或篾盘、铁锅（大锅二具，中锅一具），置其上，注卤水入内加热，将皂角末和半糠搅沸卤中，顷刻成盐。坦晒：择盐田适中地段，围成方格（每格50—100平方米不等），将格内土压实，铺上碎缸片，中分数格，将鲜卤注入坦格中，利用阳光与风力，使卤浓缩结晶成盐。

四、你知道吗

象山杉木洋村古代以烧盐为业，在宋代属于玉泉盐场。但是周围的村子也有人想争烧盐这个行业。杉木洋村徐氏有一个太公，心想杉木洋村徐氏背山靠海，务农又兼烧盐，如果这个行业被别人占去，徐氏后人何以为业呢？这一天，周围村庄的人都来争烧盐权，吵吵嚷嚷来到杉木洋村，谁也不能说服谁，后来有一人站出来说：“大家都争烧盐，争来争去也争不出什么名堂，我看还是在煎盐锅中放一个秤锤，谁能在滚烫的盐卤中捞出秤锤，便让谁熬盐。”话音一落，大家都表示同意。过去熬盐都有灶场，灶场中有大锅烧盐。秤锤放在盐卤中，滚沸卤汤翻着白花花的水泡。许多人见到沸水，都望而止步，你看我，我看你，谁也不敢伸手去捞。

这时，徐氏这边有个叫徐景灏的人站了出来，说道："刚才有言在先，大家都别反悔。"说完，他一个箭步上来，站在滚烫锅边，面不改色，探手锅中，只听"啊"的一声，秤锤被捞了出来，徐景灏也随即昏倒在地上。

人们立刻围了上来，见徐景灏右手已经血肉模糊。大家急忙灌水，徐景灏慢慢苏醒过来，叮嘱道："徐家子孙，今后应珍惜熬盐之业。"徐景灏经多日医治无效，离世而去。

杉木洋村徐氏后人纪念他为徐氏争得一个熬盐产业，便在常济庙中立徐氏景灏太公为盐熬神，俗称盐熬菩萨，世代祭祀。

对晒盐人来说，每年气温最高、阳光最猛烈时，就是他们最忙碌的时节。光照越猛烈，晒出来的盐品质就越好。这几天，正是象山新桥盐场晒盐人最忙时。

凌晨3点多，天还没亮，盐农就走进了盐场，迎着晨曦挑着盐担归仓入库。盐收完后，他们要把海水引入盐田，一块块方方正正的盐田，灌满了波光粼粼的海水。上午8点多，盐农忙了早上第一工后，可以休息了，等待迎接下午的收成。

盐田里的海水经过六七个小时的曝晒，海水大量蒸发，盐田里长满了白色"盐花"。下午3点多，盐农就要顶着烈日，再次走进盐场收盐。盐农们将盐田里一片片盐膜结晶扫成一堆，将装入簸箕的粗盐挑到路边，堆成一座座盐山。

新桥一位盐农说，晒盐很辛苦，头顶烈日，肩挑脚跑，还要看老天的脸色，烈日对别人来说很难熬，对盐农来说却是希望和收成所在。"今年气温高，盐产量提高了不少，到现在我的70亩盐田已收获了7万多公斤粗盐。去年受台风天气频繁影响，忙了一整年只收获了10万公斤。"

盐田底部都铺着一层塑料膜。盐农说，这是新式晒盐法，比传统晒盐法产量更高，还少了不少工序。以前，晒盐有一道工序特别累，那就是旋盐，也叫拉盐花。为了提高盐的品质，防止海水在结晶时出现杂质，当海水漂出盐花时，就要旋盐了。在烈日的曝晒下，盐农们要拉一根绳子绕着盐滩对海水池进行均匀搅拌。一次旋盐下来，需要10多分钟。一个盐农，一天得旋盐二三十次。

在唐代《新唐书·地理志》等正史中就有象山产盐的历史记载。2008年6月，象山县申报的"海盐晒制技艺"被列入第二批国家级非物质文化遗产名录。记录了象山千百年形成的独特海盐制作技术——海盐的平滩晒法，直白地说，就是把海水引进大片滩涂，利用日光和风力蒸发，晒制过程中不添加任何添加剂，纯手工生产，自然天成。

（编写：晟　晖）

后 记

在编辑本书时，从策划选题到收集资料，再到实地采访、汇编整理，编者们都切实感觉到了诸多困难，甚至本书一度“难产”，这也从侧面说明非遗的保护工作迫在眉睫。

在编辑过程中，为了让读者能更直观感受到非遗文化的魅力，我们的编写人员摘录了一些资料。这些文字多数已经征得作者或有关网站授权使用。但有些内容无法核实原出处和原版权所有者，在此表示深深的歉意并恳请谅解。相关文字版权所有者见书与我们联系，敬奉样书及稿酬。

图书在版编目（CIP）数据

舌尖上的非遗：散落在民间的美味 / 《主人》编辑部编．——上海：上海三联书店，2018.5
ISBN 978-7-5426-6263-7

Ⅰ．①舌… Ⅱ．①主… Ⅲ．①饮食—文化—中国 Ⅳ．①TS971.202

中国版本图书馆CIP数据核字（2018）第078349号

舌尖上的非遗：散落在民间的美味

编　　者 / 《主人》编辑部

责任编辑 / 陈启甸　陆雅敏
装帧设计 / 沈　佳
监　　制 / 姚　军
责任校对 / 李　莹

出版发行 / 上海三联书店
（201199）中国上海市闵行区都市路4855号2座10楼
邮购电话 / 021-22895557
印　　刷 / 上海惠敦科技印务有限公司

版　　次 / 2018年5月第1版
印　　次 / 2018年5月第1次印刷
开　　本 / 710×1000　1/16
字　　数 / 200千字
印　　张 / 10.5
书　　号 / ISBN 978-7-5426-6263-7/G · 1492
定　　价 / 26.00元

敬启读者，如发现本书有质量问题，请与印刷厂联系：电话021-63779028